"互联网+"立体化创新型精品教材
高等院校教材编写委员会专家审定

绘画基础教程

许宪生　陈鸿荣　陆文军　张　峰　主编

- 将"互联网+"思维融入教材
- 纸质教材与数字资源有机整合
- 扫描二维码链接丰富学习资源
- 方便学生随时随地移动学习

天津出版传媒集团

天津科学技术出版社

图书在版编目（CIP）数据

绘画基础教程／许宪生等主编．—天津：天津科学技术出版社，2019.8（2024.8重印）

ISBN 978-7-5576-6824-2

Ⅰ.①绘⋯　Ⅱ.①许⋯　Ⅲ.①建筑艺术—绘画技法—高等学校—教材　Ⅳ.①TU204.11

中国版本图书馆 CIP 数据核字（2019）第 144766 号

绘画基础教程
HUIHUA JICHU JIAOCHENG
责任编辑：李荔薇
责任印制：赵宇伦

出　　版：	天津出版传媒集团
	天津科学技术出版社
地　　址：	天津市西康路 35 号
邮　　编：	300051
电　　话：	（022）23332390
网　　址：	www.tjkjcbs.com.cn
发　　行：	新华书店经销
印　　刷：	昌昊伟业（天津）文化传媒有限公司

开本 889×1194　1/16　印张 8　字数 230 000
2024 年 8 月第 1 版第 2 次印刷
定价：58.90 元

序言 PREFACE

党的二十大报告指出："美术教育是美育的重要组成部分，对塑造美好心灵具有重要作用"。引导高校艺术专业学生在学习中树立正确的价值观，实现课程育人的目标，已成为提高艺术设计专业质量的关键。高职教育的绘画教学活动，应结合美术学科专业特色，积极探索教育教学，以提高学生的动手能力、审美能力和创造能力，将"丹青铸魂"深度融入课程思政，促进大学生德智体美劳全面发展。

素描与色彩是艺术设计中重要的绘画基础课程，也是初入艺术殿堂的学子在专业学习和设计创作中，必须掌握的一项基本技能。素描和色彩的学习与训练，可以培养我们以审美的眼光去观察世界，提高审美修养、形象思维、色彩与素描的造型能力，并为我们在今后的艺术设计实践打下坚实的基础。正确的学习方法和认真的学习态度，是初学者通往成功之路的捷径。首先，我们应该培养学生用正确的方法观察对象，培养整体观察物象的能力。通过学习，逐步提高我们对美的感受能力和敏锐的艺术眼光。其次，开拓我们的表现能力。在丰富多彩的大千世界中，善于从平凡事物中去发现、挖掘美的元素，在素描和色彩的学习和训练中，努力形成具有个性的表现形式。在素描和色彩的练习课程中，我们可以采用临摹、临变、写生和创意等多种形式的训练，在学习中，我们还应该注重多看、多想、多练的学习方式，培养和提高我们对透视规律的理解、把握构图的取舍能力，通过绘画技能的练习，提高素描造型能力和色彩的表现能力，并逐步提高我们的艺术素养和审美能力。

绘画基础教材分为两部分，第一部分素描基础。通过系统的介绍绘画基础知识，讲解素描的特点、画法和技巧，从绘画基础知识、透视关系、构图要领入手，诠释了素描造型及结构素描、线性素描、明暗素描的表现方法，使学生在原有绘画能力的基础上，提升素描表现能力和对审美的感受能力。第二部分色彩基础。从色彩的基础知识、写实色彩与装饰色彩入手，通过色彩的对比、调合、色彩临摹、写生的练习训练，到色彩表现的媒介材料及技法介绍，由浅入深，并在每一单元中都配以详尽的图例与介绍，使学生能够在色彩的学习和训练中，较好的掌握色彩基础知识和色彩表现技能，提升色彩造型能力与色彩修养。

在编写本教材的过程中，作者参考和选用了一些文字和图片资料，由于无法联系到原作者，本书作者在此致于衷心的感谢！本教材还收录了一些画家、美术教师与编者创作的美术作品，可作为学生在学习过程中的临摹与借鉴，也便于让教师能根据不同专业、不同学生的实际情况，通过分析鉴赏美术作品，因材施教，择材而教，以逐步提高学生的审美意识和绘画能力。

本教材力求理论联系实际，强调适用性、实用性与系统性。适用于高等学校本专科艺术设计专业学生、函授学历教育者和美术爱好者。由于编著者学识有限，在教材中难免有不足之处，敬请专家和读者批评指正，以便于在教材修订时更正。本书互联网教学资源联系方式：QQ2528752535。

编　者

本书编委会

主　编：许宪生　陈鸿荣　陆文军　张　峰
副主编：张宝胜　宋剑英　邵燕怡　杨青兰
　　　　邱雨靖　张志越
编　者：白　浩　马宇飞　汪丽媛
主　审：王鹏程

目录

第一部分　素描基础

第一章　素描造型概述 ... 2
第一节　素描的概念、来源与发展 ... 2
第二节　素描的工具与分类 ... 9

第二章　素描要素与应用 ... 14
第一节　空间透视与原理 ... 14
第二节　造型元素与运用 ... 17

第三章　素描形式与表现 ... 19
第一节　线与结构的表现 ... 19
第二节　明暗体积的表现 ... 25
第三节　线面结合的表现 ... 28

第四章　素描教学与训练 ... 31
第一节　素描临摹课题 ... 31
第二节　石膏写生课题 ... 35
第三节　静物写生课题 ... 39
第四节　头像写生课题 ... 44

第二部分　色彩基础

第五章　色彩概述 ... 54
第一节　色彩基本概念 ... 54
第二节　色彩静物的工具和材料 ... 64
第三节　写实色彩与装饰色彩 ... 68

第六章　色彩表现的媒介材料及技法 ... 70
第一节　水粉画 ... 70
第二节　水彩画 ... 72
第三节　油画 ... 75

第七章　色彩的整体观察法与课题训练 ... 79
第一节　色彩整体观察方法的训练 ... 79
第二节　色彩训练课题 ... 80
第三节　色彩静物写生 ... 86
第四节　色彩风景写生 ... 97

第八章　优秀作品欣赏 ... 104

参考文献 ... 119

第一部分 素描基础

- 第一章　素描造型概述
- 第二章　素描要素与应用
- 第三章　素描形式与表现
- 第四章　素描教学与训练

第一章　素描造型概述

习近平总书记强调"素质教育是教育的核心,教育要注重以人为本、因材施教,注重学用相长、知行合一",高校艺术设计专业绘画课程的学习,应树立科学的美术教育活动观,提升学生审美素养和精神境界,培养良好的职业道德和创新精神,将爱国主义教育融入到美术教学活动中,注重学生人文知识和审美能力的培养,促进大学生德智体美劳全面发展。

第一节　素描的概念、来源与发展

一、素描的概念

从物质的角度来讲,素描是指用炭笔、铅笔、钢笔等工具(通常为单彩,也可包涵少数几种颜色),运用涂抹或排线等手法,将实在的或想象中的物象描绘在纸张或其他物质材料上的一种绘画方式;从情感的角度来解释,素描是画者用一种最朴素、最真诚的情感去观察和描绘物象,从而表达自己内心真实情感的一种艺术语言,即"素心描真"。素描艺术的最终目的,是画者的感觉和经历通过造型进行直观表达。

素描的概念

徐悲鸿先生所说的"素描是一切绘画的基础"是基于当时中国所处的时代环境下提出的论调,现在看来难免有些过于绝对,但不可否认的是,素描作为一门基本学科对于学习绘画,培养和训练造型能力、观察能力、表现能力所处的重要地位。

图1-1　徐悲鸿《自画像》

图1-2　丢勒《祈祷之手》

素描作为一种艺术表现形式，不仅仅只是作为绘画训练的手段或创作之初的草稿，优秀的素描同其他艺术表现形式一样，也可以表达思想、观念、情感、想象甚至抽象形式，它可以独立成画，是一种正式的艺术创作，它是画者最原始、最直接的创作意图的形象表现，具有其独特的审美价值。

图1-3　杰瑞安德烈作品

二、素描的源流与发展

素描这种绘画艺术形式在漫长的历史发展长河中经历了许多阶段，跟随不同的时代环境与人们绘画观念的变化发生衍变，主要可分为史前时期、古典时期、十七世纪、十八世纪的繁荣发展期以及近现代绘画的变革期。

第一阶段：史前时期。史前艺术造型的创作均以朴素的形式进行，属于人类绘画发展的孩童时期。从东西方原始人类留下的艺术痕迹来看，无论是骨雕、石刻、岩画或陶绘等艺术表现形式，皆可视为素描早期发展的雏形。史前的绘画作品主要表现了当时人们与自然、生活、宗教的各种

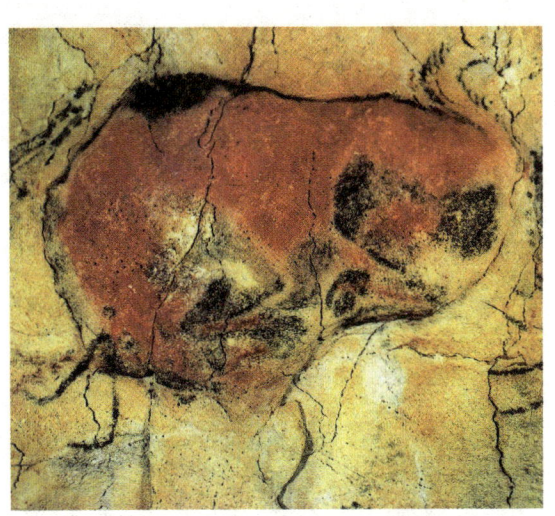

图1-4　西班牙阿尔塔米拉洞窟《受伤的野牛》

关系，如图1-4是西班牙阿尔塔米拉洞窟壁画上描绘的一只蜷缩着的受伤的野牛形象，形体结构准确，造型生动有力。史学家认为这些洞窟壁画与原始人的某些巫术崇拜有关，史前人类靠狩猎采集为生，但捕获大型动物往往是困难而充满危险的活动，于是原始人类就将那些动物的形象画于岩壁上，通过巫术的形式模拟现实生活场景，祈祷狩猎的成功。

古埃及的艺术与前面所提到的史前美术作品很难找到渊源关系，其自身具有独立的体系，古埃及的艺术就如同他们的金字塔一样稳定长久，风格千古不易，绘画表现形式与当时的社会制度一样有着严格的规则，如"正面律"即表现人物时，头侧面，眼睛正面，肩及身体正面，腰部以下又是侧面。画面用水平横线来分割结构，人物排列井然有序，甚至动物都是成排出现。运用以

图1-5 古埃及壁画

古埃及壁画

上的表现手法对人物的形象进行处理，是为了使人的形象特征更加突出和完整，这也是古埃及绘画追求完整性的体现。

第二阶段：古典时期。古希腊艺术被称为欧洲艺术的摇篮，早期的古希腊人传承了古埃及艺术并将之发展，特别是在技巧上取得了很高的成就，如发明了"黄金分割律"的数学方法。从出土的众多陶器、装饰性陶画、雕塑中可以得知，古希腊艺术还影响到了后来的古罗马艺术，甚至到文艺复兴时期的大师们也是将古希腊艺术作为绘画典范加以推崇，其建立的美学原则是利用古代的艺术理想与规范来表现现实的道德规范，典型的历史题材表现当时的思想主题，以此建立的美学思想被后世誉为"古典主义"。这一时期的素描主要为当时新发明的油画而作的创作草图。文艺复兴时期的大师们素描注重严谨的造型，深入研究人体解剖、空间透视、形体质感等诸多方面的因素，使得作品极具真实性。米开朗琪罗曾说："素描，它是构成油画、雕刻、建筑及其他画种的源泉和本质，并且是一切科学的根基，已经掌握了这种东西的人，可以相信他们占有着一笔巨大的财富。"

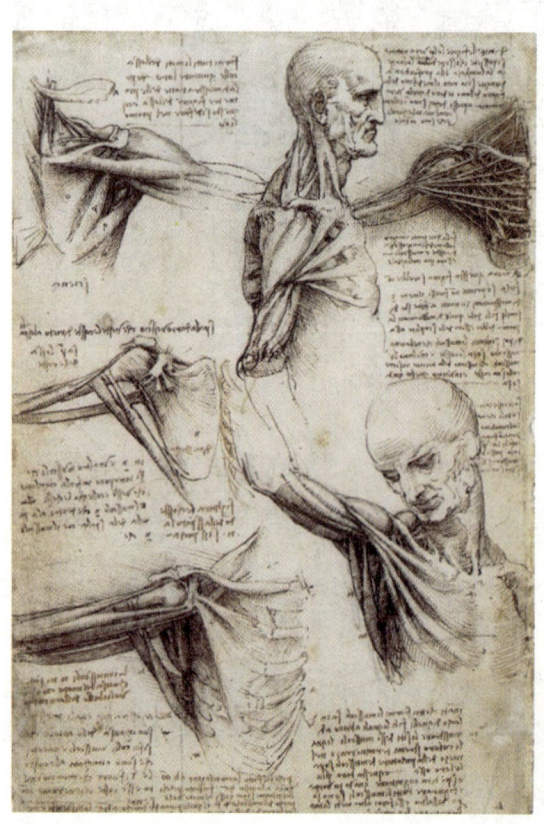

图1-6 达·芬奇《人体解剖》手稿

图1-7 米开朗琪罗作品

图1-8 达·芬奇《最后的晚餐》手稿

图1-9 荷尔拜因素描作品

第一部分 素描基础

第三阶段：十七、十八世纪的繁荣发展期。十七世纪以后的欧洲艺术进入了一个繁荣发展期，艺术不再只表现宗教题材而转向关注世俗生活。素描作为油画稿，主要用来表现大师们对社会生活的感受，这一时期出现了诸如卡拉瓦乔、伦勃朗、维米尔、鲁本斯、委拉斯贵兹、勃鲁盖尔等一大批杰出的绘画大师，他们都是善于利用光影，即明暗变化在画布上创造出舞台戏剧效果的高手。当时的古典油画主要运用的是透明薄画法，有点类似中国工笔画的渲染方法，而薄画法的第一步就是用单色素描起稿做底子，这一过程能充分展示出大师们的素描功力和创作才华。

图1-10　伦勃朗素描作品

图1-11　鲁本斯素描作品

第四阶段：近现代绘画的变革期。随着工业革命的兴起，欧洲绘画艺术进入到一个充满变革的时代，各种绘画流派层出不穷，此起彼伏。新古典主义的代表人物安格尔，善于以线型表现为主，线条纯净，流畅生动，他的作品坚持严谨典雅的古典画风，充分体现了欧洲古典主义学院派所特有的唯美风格。还有以席里科、德拉克洛瓦为代表的浪漫主义画派，作品内容充满了想象与激情；以库尔贝、米勒为代表的现实主义画派则描绘出生活的真实与温情。到了十九世纪，科学技术的发展给绘画带来了许多改变，照相机的发明使艺术家们开始考虑寻找新的出路，管状颜料的发明使艺术家们能够方便地进行外出写生活动，这一切都推动了印象派绘画的产生与发展，印象派画家热衷于表现自然光线下物体间的色彩关系，努力地捕捉物体某一时刻给人留下的瞬间印象，就在这种艺术思想的指引下，一种独特的观察方法所带来的素描手段因此自然形成，生动自由的笔触成为印象派的标志。

如果说印象派所描绘的内容还是比较反映客观现实事物的话，那么到了后印象派和表现主义绘画时期，艺术家们的关注对象开始从客观转向主观世界，更多地强调自我意识和个人对世界的特殊感知，对现实景象的描绘服务于主观感受的表现。艺术家们的个性得到了充分的释放，所以这一时期的作品风格也是千姿百态的,每位艺术大师的素描作品都呈现出自身独有的面貌。

图1-12　安格尔素描作品1

图1-13　安格尔素描作品2

图1-14　德加素描作品

图1-15　门采尔素描作品

图1-16 梵·高风景素描

图1-17 梵·高人物素描

图1-18 席勒素描作品

图1-19 尼古拉费欣素描作品

第二节　素描的工具与分类

一、笔

素描的画笔有很多种，常用的有铅笔、炭笔、钢笔、粉笔、彩铅等，初学者一般选用铅笔或炭笔，比较易于控制和修改，等学习到了一定程度就可以尝试使用其他的画笔进行作画。不同的工具能够表现出不同的画面效果，画者应该根据需要选用适合的工具。

1. 铅笔

铅笔是画素描最简单而常用的工具，它能够准确清晰地表现线条的形态且易于修改，既能快速粗放地涂抹出大效果也能深入细致地刻画细部，适合于初学者用来做素描的基础训练工具。现在国内市场上能买到的铅笔分两种类型，以 HB 为中介线，

铅笔

一边有 H 至 6H，数值越大代表铅笔笔芯的硬度越高，画出来的线条颜色越浅，另一边有 B 到 14B，数值越大代表铅笔笔芯越软，画出来的线条颜色就越深。当然，线条的粗细深浅还可以通过用笔的力度来控制，所以在一般情况下，画素描只需用到 2H 至 8B 区间的铅笔即可。由于铅笔分类的区间较多，因此能很好地表现出层次丰富的明暗调子，使画面显得更加细腻。

铅笔使用注意事项：①画素描的铅笔与写字的铅笔不同，作画时经常需要把笔放倒用来拉长线或者排线条，笔芯与纸面摩擦时间较长，消耗也更快，所以削铅笔时应该把笔芯适当地削长一些，方便长时间使用。②根据铅笔不同区间的特性，画素描时铅笔的使用顺序一般是从软到硬，即先用较软的笔（6B、8B）起稿铺大关系，再用较中性的笔（2B、4B）来收拾画面，最后用较硬的笔（H、2H）进行细节的深入刻画。这样画面就容易响亮厚重而不腻；反之，过早地使用硬度较高的铅笔，容易造成铅笔在纸面上画的遍数过多，使画面反光、发腻。

2. 炭笔

炭笔也是较常用的素描绘画工具之一，炭笔跟铅笔最主要的区别在于铅笔内芯主要材料是石墨，而炭笔的内芯主要材料是木炭粉。跟铅笔一样，炭笔也有软硬的区分，但不同的是，炭笔的区分区间较少，只分软碳、中碳和硬碳三种。此外还有木炭条、炭精条和碳粉作为衍生工具，炭笔以不脆不硬为度，炭条以烧透、松软、色黑为佳，炭精条以软而无砂为上品，碳粉以细腻均匀为适宜。炭笔的细腻程度虽不及铅笔高，但色泽厚重，易于表现出强烈的视觉效果。

炭笔使用注意事项：①使用炭笔的顺序跟铅笔类似，宜从炭条或软碳开始，逐渐过渡到硬碳，否则颜色容易打滑而上不上去。②炭笔不能跟铅笔叠加使用，否则会有反光的效果，但可根据需要将不同种类的笔使用在画面的不同部位。③炭笔不像铅笔那样容易修改，即是用橡皮擦也容易留下痕迹，所以下笔前应该观察得更仔细一些。

3. 钢笔

钢笔包括美工笔、圆珠笔等一切可以自来墨水型的硬质笔尖的画笔，这类画笔的特点是线条清晰明确，且画出来的作品可以长时间保存而不易褪色或被磨蹭破坏。但钢笔所画的线条不具有更改性，需画者具备较好的功底才能使画面显示出一气呵成的艺术效果，所以在用钢笔画素描之前，画者应该是胸有成竹的。当然，初学者也可以多用钢笔进行平日的练习，训练自己能画出一步到位的线条的能力。

图1-20　铅笔

图1-21　木炭条

图1-22　炭笔

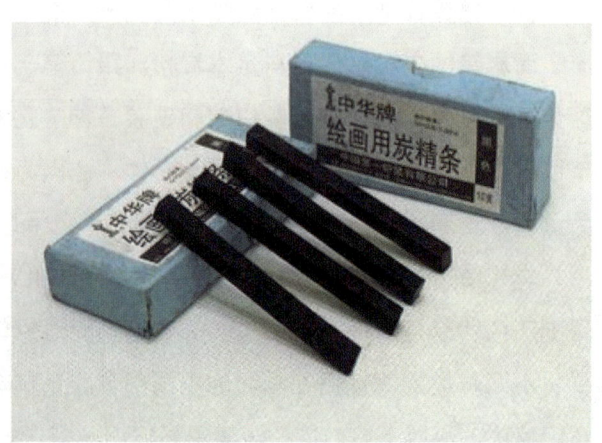

图1-23　炭精条

二、纸

纸有色泽、厚薄、质地、纹理的区别，常用的有素描纸、卡纸、牛皮纸、打印纸等。练习用的素描纸有固定的大小规格，如八开、四开、半开、全开。打印纸则有 A4、A3、A0 到整卷的打印纸，纸张的大小可根据创作的需要进行选择，如果不够还可进行拼接使用。值得注意的是，铅笔画纸不宜纸纹太粗，炭笔画纸表现不能太光滑，而钢笔画纸不但要有较光滑的纸面且要具有一定的吸水性。

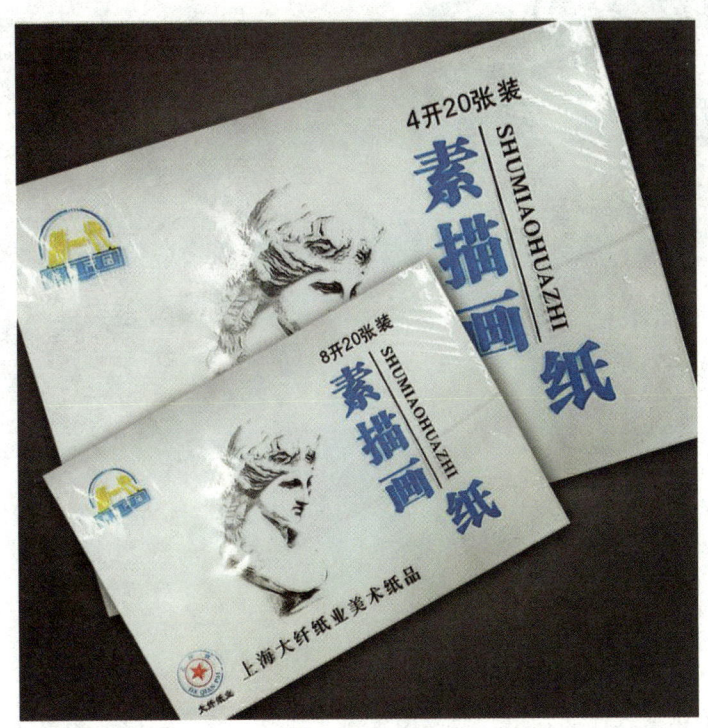

图1-24 素描纸

可塑橡皮

三、橡皮

橡皮是一种修改工具，画素描所用到的橡皮一般有两种，分为可塑橡皮和硬方形橡皮，可塑橡皮质地柔软，可随意捏成各种形状，常用于修改画面的细节部分。硬方形橡皮是平时较为常用的橡皮，可用于擦拭面积较大的需要修改的部分，如要擦拭细节，用小刀将硬方形橡皮削尖即可。

橡皮使用注意事项：①反复多次地使用橡皮容易使画面发灰、发脏、发腻，甚至会让纸张起毛，所以我们应该尽量少地使用橡皮工具，或者起稿的时候用笔轻一些，修改的时候也可减少橡皮对画面的损害。②绘画经验丰富的人会把橡皮当作画笔使用，只不过铅笔之类的工具是做加法的画笔，而橡皮是用来做减法的画笔，这一点需要初学者勤加练习方可体会。③画画是一个需要不断试错的过程，画者要经过不断地对比，反复推敲才能找到最终令人满意的线条或色块，所以哪怕在画面上出现了有偏差的部分，也不要急着用橡皮把它擦掉，应该以此为参照找出它更合适的位置或形状。实际上，在画素描的初始阶段，不要计较线条的正不正确，因为随着绘画作业的深入，会慢慢将之前画的线条覆盖住，原本"错误"的线条还能起到参考纠正的作用，如果急着用橡皮擦去，还容易使错误重犯。

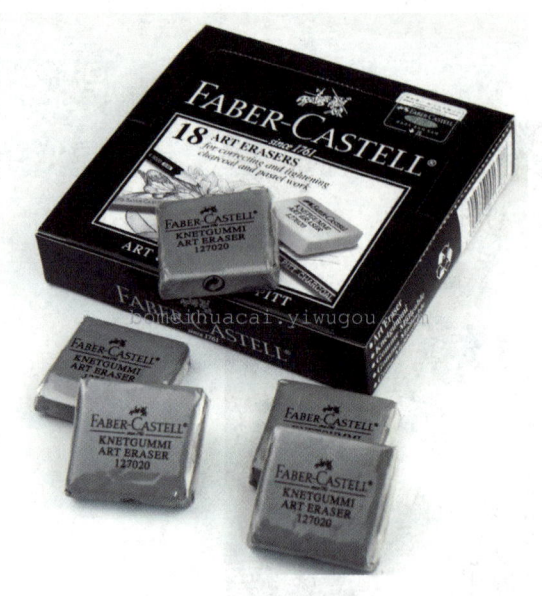

图1-25　可塑橡皮

图1-26　硬方橡皮

四、其他

1. 画板及画架

根据画幅的大小挑选合适的画板，画板以光滑、无缝、平整为好，如果要以站姿作画，则需要画架作为支撑。

画架

2. 削笔刀

画素描需要将笔头削长削尖，削笔也是门技术活，需要反复练习才能削得又快又好，注意不宜使用自动卷笔刀削过的笔作画。

3. 图钉、铁夹、胶布

用于将纸张固定在画板上。

4. 纸巾、纸笔

用于涂抹画面，能产生区别于排线的效果。

图1-27 画板、画架

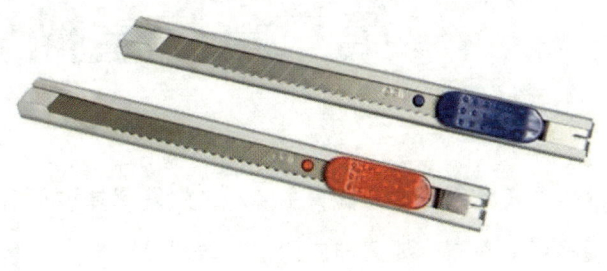
图1-28 削笔刀

第一部分 素描基础

第二章　素描要素与应用

　　学校美术教育作为美育主阵地，应发挥其核心引领作用，结合美术学科专业特色，积极探索教育教学。在素描要素与应用上应以"美"当头，增强美的意识，培植美的理想情怀，进一步增强师生对美育重要性的认识，提升学生审美和人文素养，从而陶冶情操、温润心灵、激发创新创造活力，培养合格的建设者和可靠的接班人。

第一节　空间透视与原理

一、透视原理

　　透视是绘画中重要的知识点，透视就是人们用线条或色彩在二维平面上表现三维立体空间的一种规律。最初研究透视是通过一块透明的平面去看景物，将所见景物准确描画在这块平面上，即成该景物的透视图。后将在平面画幅上根据一定原理，用线条来显示物体的空间位置、轮廓和投影的科学称为透视学。简单地概括透视规律就是近大远小、近实远虚。

　　透视学的一些基本术语：

1. 视点

　　画者眼睛所在的位置。

2. 视平线

　　与画者眼睛等高的一条水平线。在平视的情况下，视平线与地平线重合；在俯视和仰视时，地平线与视平线分开，但依旧平行。

3. 心点

　　与画者眼睛正对着的视平线上的点。

4. 消失点

　　在平行透视中，消失点即为心点；在成角透视中，物体向左右两边延伸的线与视平线相交形成的点为消失点。

5. 原线

　　与画面平行的线，在透视图中保持原方向，无消失。

6. 变线

与画面不平行的线，在透视图中有消失。在画面中，如果视点发生变化，所有的变线会跟随视点发生改变，所有的变线最后都会交汇于消失点。

7. 画面

通常指画画所使用纸张的范围，垂直于地面平行于观者。

平行透视

二、透视的种类

1. 平行透视

平行透视也叫单点透视。当画者的视点垂直于画面的视平线，视点落在画面中心或左右略微偏离的地方，视平线与所画对象呈平行状态下，物体会呈现近大远小的视觉错觉，这样的透视叫平行透视，平行透视经常在风景画当中出现。以正立方体来说明平行透视原理，就是在正立方体的上下、前后、左右三组面中，只要有一个面与画面平行，同时有一面与地面平行的正立方体透视叫作"平行透视"（平行透视只有一个消失点就是心点）。

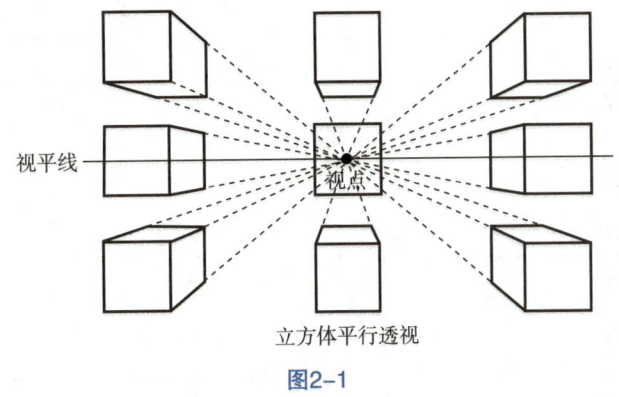

立方体平行透视

图2-1

成角透视

2. 成角透视

成角透视也叫两点透视，顾名思义就是指在画面中会有两个消失点。这种透视现象是指画者的视点面对所描绘的对象成近45°左右的夹角，其所画物体的变线分别向左右两边延伸，并向左右两边逐渐交集于消失点，两个消失点都落在视平线上。以正立方体举例，当正立方体的一个面与地面平行，其左右各竖立侧面与画面成角度时，这时候产生的透视就叫"成角透视"。

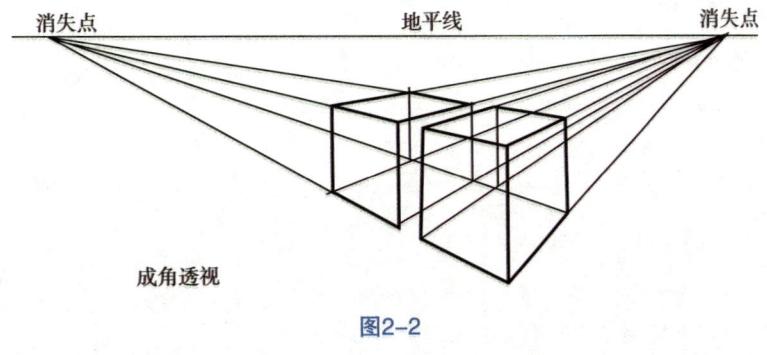

成角透视

图2-2

3. 圆形透视

圆形的透视是指以正圆为剖面的物体，在视平线不变的情况下，随固定的视中线垂直上下移动所呈现的圆的横截面的变化。简单来说，这种圆的透视除了在视平线上呈直线状态，其余状态均为椭圆。只是椭圆的高度随着离开视平线越远而越来越大，值得注意的是，此时椭圆的上下部分并非是对等的两个半圆，而是下面半圆的宽度和弧度比上面半圆的略大、略弯曲。

圆形透视

4. 空气透视

空气透视法是借助空气对视觉产生的阻隔作用，表现画面上空间距离感的方法。它主要借助于近实远虚的透视现象表现物体的空间感，其主要功能是产生形的虚实变化、平面变化、繁简变化，色调的深浅变化、冷暖变化。

空气透视

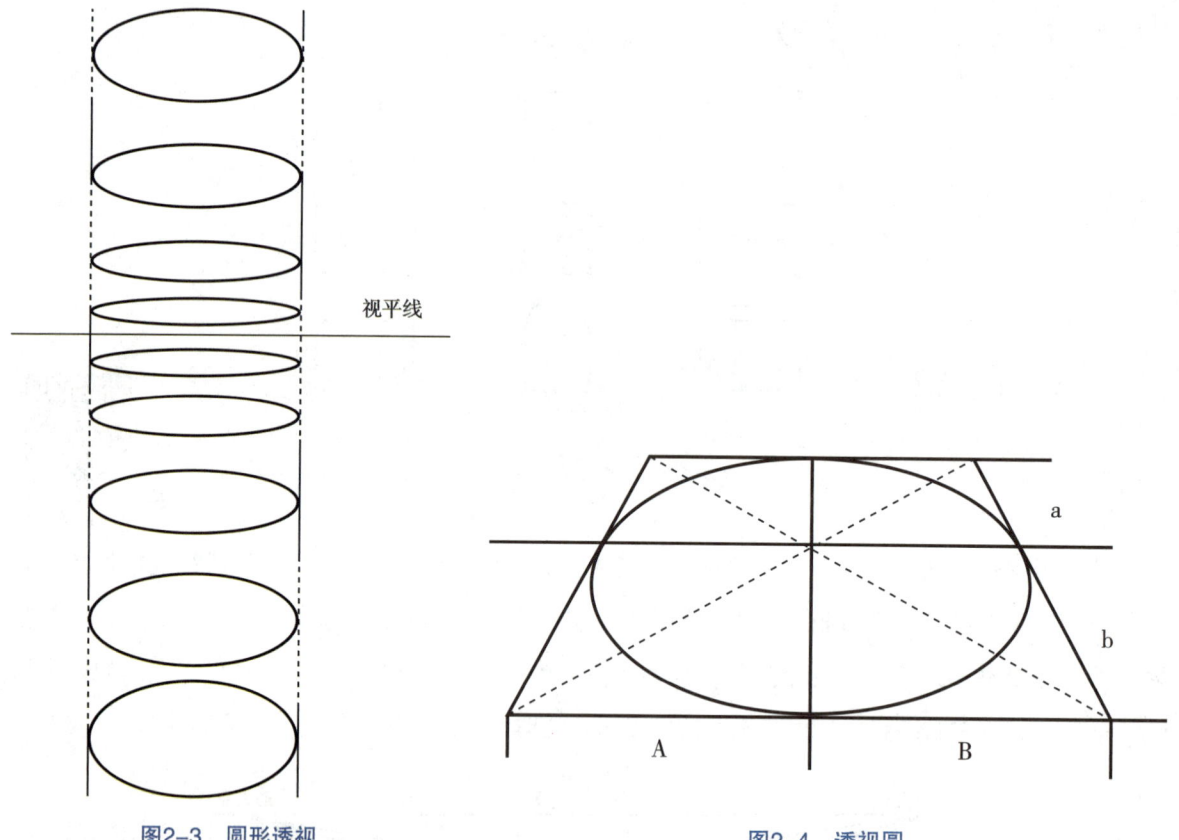

图2-3　圆形透视　　　　图2-4　透视圆

第二节　造型元素与运用

一、造型要素

1. 点

点表示位置，是形体塑造的标记，对于造型有着特定的数量意义。描绘一个对象时要先找位置点，即该物体的最上、最下、最左、最右四个点，这些点规定着物体的整体大小和画面之间的比例关系。再找转折点，这些点如同交通枢纽，联系着形体中的线和面。

2. 线

线由点的定向运动产生，是点运动的延续，连接起点和终点的就是线。在素描绘画的过程中会运用到两种线：辅助线和轮廓线。辅助线是指在形体塑造的过程中所借助的假设线，这些线有助于我们把握形体的动势和形体的整体特征。轮廓线反映的是形体的转折部分，在绘画过程中，轮廓线的表现，是要求由大转折逐渐过渡到小转折，由外轮廓过渡到内轮廓，从而形成物体的立体框架。但我们还需要明确一个概念，就是素描所表现的对象是有体积的，因此所谓的"轮廓线"其实并不存在，它只是物体的体面关系中某个面的界限，它不是以"线"的形式独立存在，而应该只是暂时为界定有体面关系的物体在透视状态下呈现给观者的某个范围。

3. 面

面是由无数点的组合或无数线的排列后的效果，面的运动产生了体，在西方造型艺术体系中"无点不成线，无线不成面，无面不成体"，经典地概括了点、线、面、体相辅相成的关系。面有直面和曲面之分，直面立方体在画面上一般是以正面、侧面、顶面三个面呈现，曲面则需要借助光线，在画面上一般是以亮面、灰面、暗面（交界面、反光面）呈现。

二、特征与基本形

物体的形体特征是指物象都有自己与其他物象相区别的最主要特征，对物体的形状进行概括，可以形成一个基本形的概念，如圆形、方形、三角形等，可以说只要抓住了物象的基本形就等于抓住了它的主要特征。

素描写生和创作所表现的物象都是立体的，而最基本的形体是立方体、球体、柱体和锥体，素描写生可以从这四类形体出发去研究形体构成的基本因素。在画素描的初始阶段，对物体的原形进行简化以形成简单的几何形状，再目测其高度、宽度，最后再做一个整体的对比，就能比较准确地描绘出物象的基本特征。

三、素描意识的培养

1. 整体意识

素描的核心问题是物象的形体，在现实生活中，物象的形体是多种多样的，我们作为接受过素描训练的画者应该具备专业的眼光，看物象能有正确的观察方法，即整体的观察方法。在观察所要描绘的物象时，应该撇开它的次要形体，抓住它的主要特征，有意识地用夸张概括的手法把物象归纳成一个简单的基本形，从整体的角度去把握对象。

2. 抽象意识

组成物体的基本元素无非点、线、面、体。任何物体的基本形体，不外乎立方体、球体、柱体、锥体或介于它们之间的变形或组合。最简单的基本形体能帮助我们理解一切复杂形体的造型，画者要有抽象意识能将这些基本形体概括出来，只有这样我们的观察水平才能进入到专业的领域。

3. 主观意识

对于初学者而言，型准的要求就是透视关系的准确和真实景物的还原再现，但对于有一定美术基础的人，应该要能够对物象进行更深入的思考，抓住物象的神韵或某方面的特征进行较为主观的再现，甚至夸张变形。正所谓一千个读者就有一千个哈姆雷特，不同的人面对同一物象时感受肯定会有所不同，作为一个画家，就应该能够敏锐地捕捉到这种不同并将其表现在画面上，这是对画者提出的更高层次的要求。

4. 审美意识

艺术作品应该是要有一定的审美高度，能让观者产生审美愉悦的，这就要求画者需要具备一定的技术能力和审美水平，绘画艺术审美经验的获得一般通过两种方式获得：一是在老师指导下学生通过模仿和写生获得；另一种是通过观看名家名画，古今中外的各种优秀的艺术作品获得。总之要在不断的练习和审美熏陶中逐渐提高我们的审美水平。

第三章　素描形式与表现

高等院校设计专业的素描形式与表现教学，应正确认识欣赏现实美、艺术美知识的能力，激发学生的创造思维。美术教育对于培养感性思维具有极其重要的作用，对激发理性思维同样有着不可忽略的重要作用，美术绘画教学要坚持正确的办学方向，落实党的教育方针，大力加强美育工作，为祖国青年一代身心健康成长营造宽松、和谐、正能量的学习环境。

第一节　线与结构的表现

一、线条表现法

线是人类视觉领域中一项伟大的发明，对线的认识和理解直接关系到对画面的艺术表现。线条是素描最基本的视觉语言，也是最富有表现力的语言之一。线条通过长短曲直能够表现物象的形体关系、透视关系、空间关系；通过快慢轻重则能表现物象的质感、虚实以及画者情绪上的变化。线的表现从古至今，从东方到西方可谓千差万别，但我们对线条美感的认识有着共同的理解，那就是可以准确地表现出我们眼中的事物形象和内心世界。

图3-1　安格尔作品1

图3-2　席勒作品1

在线的表现中，不同材质的工具所表现出的效果也各有不同。铅笔、炭笔所描绘出的线条相对松动，容易表现出轻重虚实，较富有艺术表现力；钢笔所画出的线条相对干净流畅、富有弹性，但粗细变化不大，只能通过疏密来表现虚实变化关系；毛笔的线条则富于变化，干湿浓淡、粗细快慢、曲直方圆，如行云流水，变幻莫测，但毛笔的把控难度较高，需要多加练习才能充分掌握毛笔的性能。在素描训练中，画者可根据不同的需要选择不同的工具去尝试各种线条效果的表现，以取得线条在各种变化中产生的不同审美效果。

图3-3　梵·高作品1

二、结构表现法

物象形体的外部结构和内部结构都可以用线条来表现，线的穿插、排列、透叠、方向、转折等，经过理性与感性思维的提炼，可以直接给画面以形式美感。这些线都可以直接或间接地交织出形体空间结构关系，我们将这种单纯用线条来表现物象形体的素描称为"线性素描"或"结构素描"。这种素描的线大体可分为两类：辅助线和结构线。

辅助线：为确保形体内在与外在结构的准确性与严密性进行辅助性的虚结构空间用线。

结构线：经过辅助线肯定下来的，真正落实到形体上准确表达形体结构关系的实结构空间线，包括外结构线（轮廓线）和内结构线。

图3-4　丢勒作品1

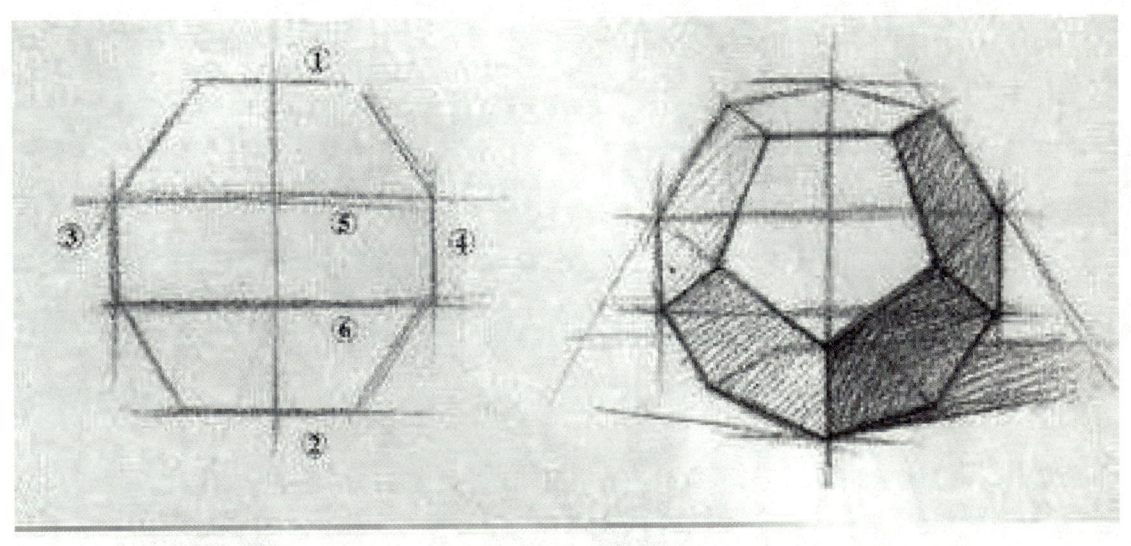
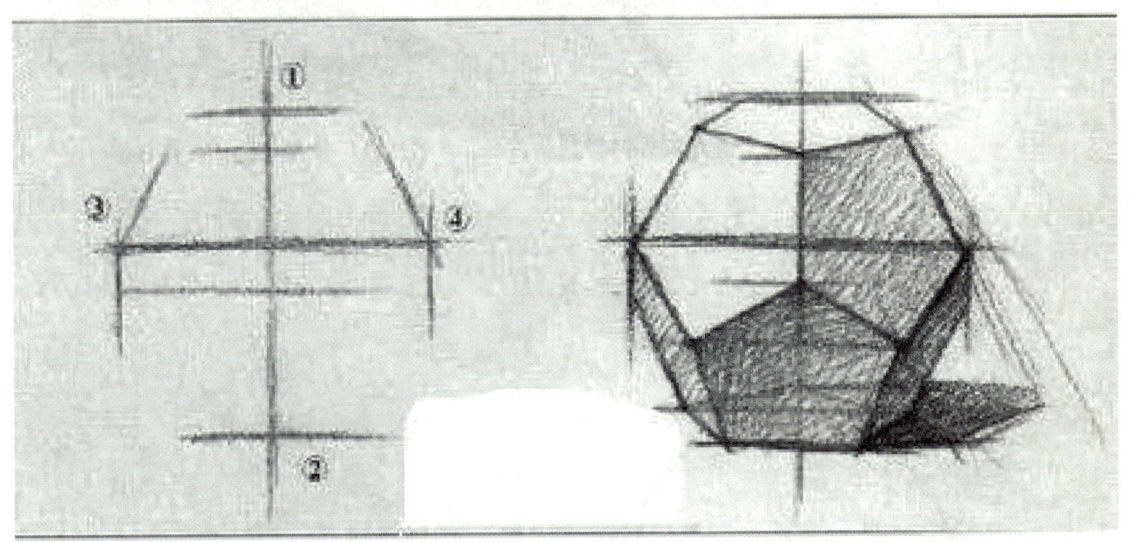
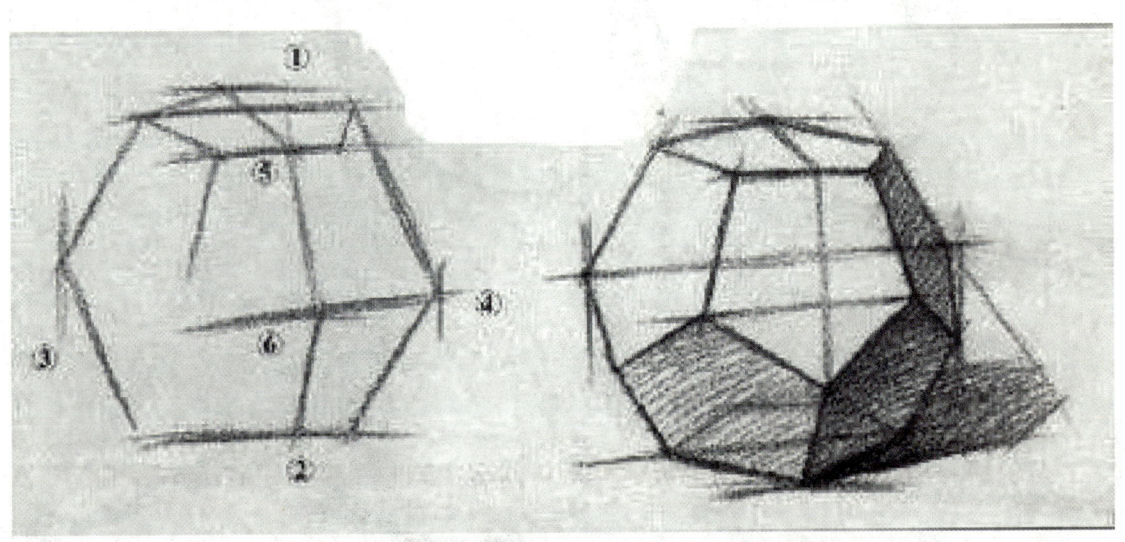

图3-5

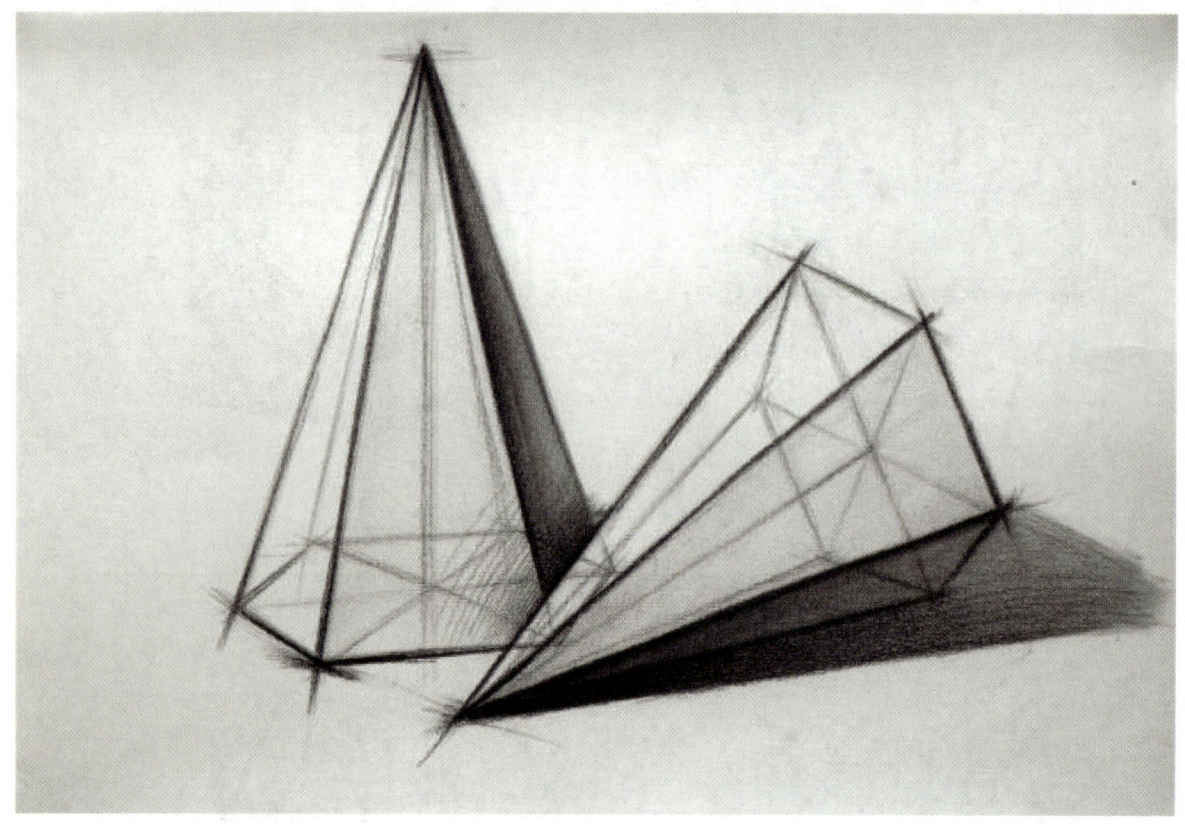

图3-6

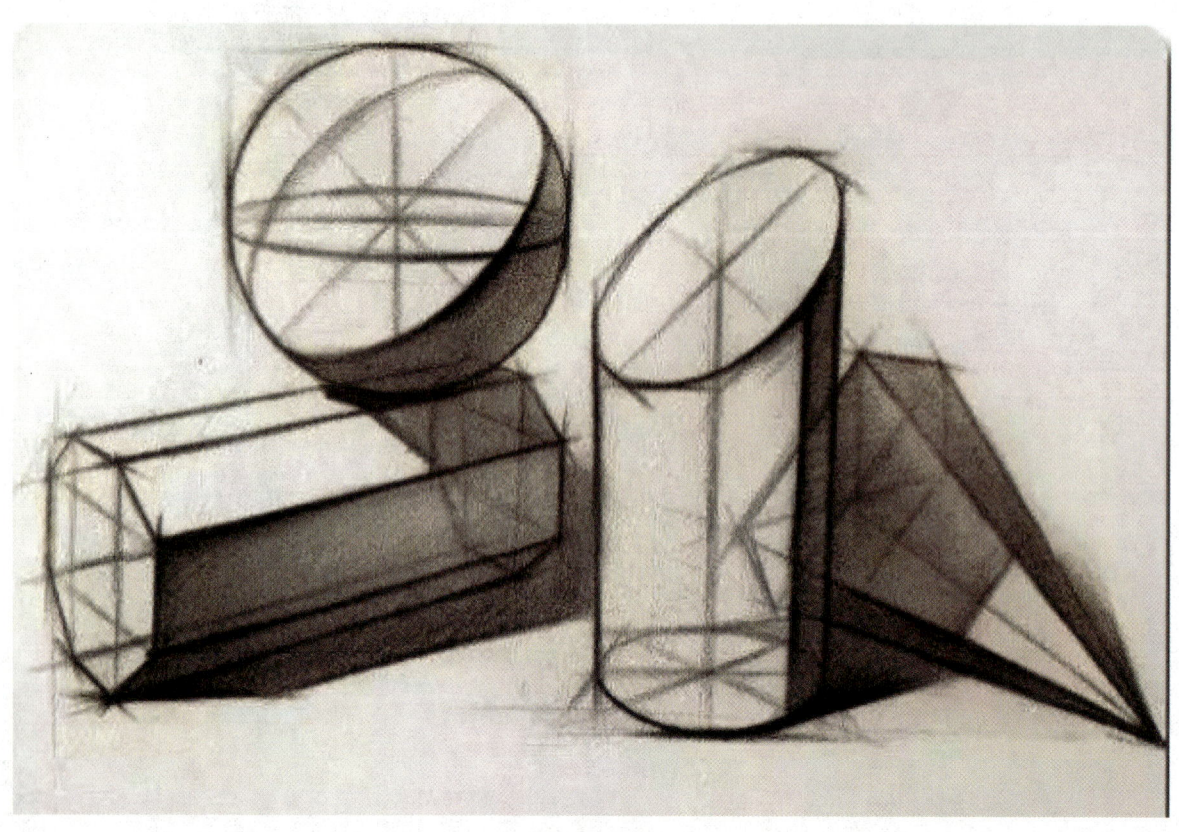

图3-7

图3-8

图3-9

图3-10

第二节　明暗体积的表现

一、明暗造型法

明暗体积表现就是明暗造型或称"明暗素描"，明暗素描是造型艺术的基本功之一，它是以排线、涂抹等方式表现明暗色调的素描形式。其画面效果与对物象的视觉感受是基本一致的。明暗现象的产生，是物体受到光线照射的结果，是客观存在的物理现象。要正确表现一个物体的明暗关系，首先要对对象的形体结构有正确的认识和理解。由于物体形体、结构的透视变化，物体表面各个面的朝向不同，所以光线被反射的强度也就不同，于是就形成了不同的色调。物体结构的各种起伏变化导致错综复杂的明暗层次变化，但这种变化具有一定的规律性，可大体分为"三大面"：亮面、灰面、暗面，或再细分为"五大明暗层次"：亮面、灰面、暗面、明暗交界面、反光。

图3-11　门采尔作品1

图3-12　门采尔作品2

图3-13

图3-14

图3-15

二、色调表现法

"色调表现法"是素描常用的一种造型方法,它强调客观性,主要用明暗对比、色调变化的手段表现对象,画面具有较强的体积感和空间感。色调法的主要观点是:所有形体都是由"面"组成的。它否定"线"的存在,所有的线都只是不同面之间的交界。色调表现法要求再现对象在特定光线下形体的透视和光影效果,具体作画要求如下:

1. 保持画面整体性

从打形开始就要保持画面的整体性,画面上的所有内容描绘进度应该保持基本的一致性,不能有些物体已经画得很深入了,有些则还在起稿阶段。一般是起形之后,先找出整体的明暗交界线,然后同时画暗部,暗部画够,再画灰部和亮部,最后再整体地收拾画面,直到形成最终想要的效果。

2. 深入分析,找准关系

色调画法分析的主要对象是物体的光影因素,分析的目的是找出物体正确的明暗关系,具体做法如下:①找到光源方向,明确哪边受光哪边背光。②找出明暗交界线的位置,分析明暗交界线的形态、变化特点和明暗系统之间的强弱对比关系。③分析物体"平面"与光线方向之间的关系,将各个与光线形成不同角度的面,利用明暗光影画出区别。④分析物体的"固有色",找出明暗关系中哪些是光影因素,哪些是固有色因素。物体之间固有色的差异一般体现在亮部的深浅区别上。

3. 全面真实地表现对象

色调法表现的"真实"是视觉上的真实,所以色调法在表现整体的同时也注重对物象的局部刻画,着力表现物象的肌理、质感、小结构等细节部分,画者容易不由自主地沉迷于局部刻画之中。因此,要时刻注意对整体的把握,时不时地要"跳出来"观察画面整体,把局部放在整体里去描绘。色调法首先要做到整体的完整,而后才是局部的真实。

图3-16　陈鸿荣作品1

图3-17　陈鸿荣作品2

第三节　线面结合的表现

一、线面结合法

线面结合法综合了"色调表现法"和"结构表现法"的优点,既强调了物体结构关系,又能表现物体丰富的明暗变化,很适合快速作画或用于人物的表现。"结合法"的优点很多,它既能侧重线,又能侧重明暗;既能快速表现出物象的形体特征,又能对物象的细部进行深入刻画;既能反映物象的客观真实,也能表达画者的主观感受,具有很强的艺术表现力。"线面结合法"具有很强的综合概括能力，不但可以突出画面的主题因素，而且可以灵活地调整形式对比，增强画面节奏变化的形式美感，使画面的整体效果显得更加丰富。"线面结合法"虽然优点很多，但想要运用得好，还是具有较大难度的，它要求画者具有较强的造型能力和对画面整体性的掌控能力，还要有很强的表现意识。一般来说，画者是在熟练掌握"结构法"和"色调法"的基础上才能灵活地运用"结合法"来作画的，所以，这是一种比较成熟的素描表现手法。

图3-18　唐勇力作品1

图3-19　唐勇力作品2

二、多种表现手法

随着现代艺术的蓬勃发展，绘画逐渐从客观的具象再现转向主观的抽象表现，个人语言的创造，个人感受体验的表达越来越被大众所提倡，这就促使艺术家更积极地去寻找与个人独特语言相适应的表现手法。不同的人，不同的题材，不同的工具材料，理应有多样的表现手法与其相适应。当画者面对一组特定的对象或场景，"怎么画"的问题就会凸显出来，同样面对一个场景，该如何表现，选择什么样的绘画语言或表现形式才能达到令人满意的效果，这不仅需要画者有大量的实践经验和积累，还需要画者能够用心去感受所要表现的对象，开动脑筋多思考，才能创造出属于自己独特的绘画语言，这也正是艺术的魅力所在。

图3-20 门采尔作品3

图3-21 门采尔作品4

第四章 素描教学与训练

素描教学与训练课程，是加强学生绘画基本功的一种学习方法，也是提高学生的审美能力、造型意识和创新能力的实践活动。素描教学要坚持教育自信，弘扬我国优秀的教育文化，吸取借鉴国际先进的教育经验，理论联系实际，提升学生的综合素质。美术教育不仅仅是让学生懂得艺术，还应让学生的心灵能够美起来，培养有信念、有情怀、有担当的时代新人。

第一节 素描临摹课题

一、构图

当画者要在一张空白的纸张上描绘一幅图画时，首先会碰到的就是对所描绘物象的布局问题，就是把这个东西画在哪，或者说该如何构图。概念上对"构图"的解释是：画家根据艺术表达的需要，将要表现的形象适当地组织起来，如点、线、面，物体形状和黑白在画面中的布局等，从而构成一个协调、完整的画面。成功的构图能使作品内容主次分明，主题突出，具有形式美感，使人赏心悦目；不好的构图就会影响画面效果，使画面杂乱无章，缺乏设计感，让人不知所云。因此，构图处理是否得当，是否有美感，是一张作品成功的关键。

构图的基本原则与形式美的基本法则类似，主要包括：对称均衡、对比调和、节奏韵律。

1. 对称均衡

对称均衡是构图的基础，主要作用是使画面具有稳定性。均衡与对称不是同一个概念，但两者具有同样的内在属性——稳定性。稳定感是人类在长期观察自然中形成的一种视觉习惯和审美观念，凡是符合这种审美观念的造型艺术才会使人产生美感，如果违背了这个原则，画面就会让人感觉不舒服。对称均衡与平均的概念不同，它是一种合乎逻辑的比例关系，平均虽然也是稳定，但缺少变化，没有变化也就没有美感，所以画面是忌讳平均构图的出现的。

2. 对比调和

上文说到构图忌讳平均、缺少变化，对比即是变化。对比是互为相反因素的东西同时设置在一起的时候所产生的现象，对比使它们各自的特点更加鲜明突出，如把大小不同的物体放到一块时，大的显得更大，小的显得更小。对比是对差异性的强调，也就是把相对的两种要素放在一起进行比较，如：大小、明暗、疏密、方圆、强弱、高低、远近等。画面中若对比关系强烈，则会使画面具有较强的视觉冲击力。调和则是指构图中强调共同性的因素，使物象之间产生协调统一的效果，它是近似性的强调,使两者或两者以上的因素相互具有共性。调和的形式可以是形象特征的一致、明暗色调的一致、表现手法的一致、方向大小的一致等等。对比调和是相辅相成的,一般认为,一个画面中的构成因素中大部分调和,小部分对比容易给人带来视觉上的美感。对比的尺度要恰到好处,对比调和的处理实际上是对整体和局部关系的把控。

3. 节奏韵律

节奏和韵律是声乐艺术的用语,通常指音乐中的音色、节拍的长短、节奏快慢按一定的规律出现,产生不同的节奏。在构图中体现为同一形象在一定格律中的重复出现产生的运动感。韵律是诗歌中的常用名词,原指诗歌中的声韵和律动,如音的轻重、长短、高低的组合,匀称间歇或停顿。在构图中韵律常常伴随节奏同时出现,通过有规则的重复变化、等比处理使之产生音乐诗歌般的旋律感,运用得好能够增加作品的形式美感和对观众的吸引力。节奏与韵律常见的表现形式是重复和渐变。

图4-1　伦勃朗作品　　　　　　　　图4-2　丢勒作品2

作画步骤解析1　作画步骤解析2　作画步骤解析3　作画步骤解析4　作画步骤解析5

二、作画步骤解析

对于作画步骤的解析,可以用一个比较形象的比喻来说明。好比我们在做雕塑的时候,要先用斧头劈出物体大的形体比例关系等,再用小刀逐步雕刻出具体的形象,最后还得再用大斧头劈一劈,整理关系,避免作品过于琐碎。总的来说就是一个从整体到局部再回到整体的一个过程。具体步骤如下:

第一步:定构图、起轮廓

当选择好要描绘的对象以后,便可以选择角度定位置了。尽可能地选择最能表现物象形体特征，轮廓错落有致，黑白灰关系明确的位置进行作画。动笔前要多观察、多思考、多感受对象，做到胸有成竹再下笔，也可在草稿纸上画几张小构图，多推敲，多做比较，做好前期的准备工作，正所谓磨刀不误砍柴工。起轮廓的时候先用不太实的线条，用直线的方法勾画出物象大的轮廓位置，注意物象的大小、透视、比例、形体关系，这时候先不要考虑物象的细节、琐碎的部分，做到抓大放小。确定完大轮廓之后，再进一步具体化物象的外形，大转折画完画小转折，外轮廓画完画内轮廓，循序渐进地把物象的轮廓结构表现出来。

第二步：着眼整体、画大关系

在轮廓和构图基本确定之后，就要开始上明暗调子，塑造物象的形体、空间关系。分析光源方向和对象的形体结构，从交界线开始先画出物体暗部的色调关系和形状变化，再逐渐过渡到灰部。此时要注意对画面整体效果的把握，所描绘物象的完整程度要保持同步，而且主次关系明确，不要陷于局部，主体物应该从一开始就是主体物，切勿本末倒置或顾此失彼。

图4-3

第三步：深入刻画

在深入刻画阶段，就要把每个物体的形体、明暗关系塑造完整。还是从明暗交界线的位置开始，由于形体的细微起伏变化，明暗交界线时而宽，时而窄，模糊不清甚至还断断续续很难把握，这就需要认真观察和理解分析，只有理解了物象的形体结构，才能在细微的变化中发现它的存在。在暗部画完之后，就可以表现物体的亮部和灰部的部分，物体的固有色、肌理质感的部分在亮部和灰部体现得最为明显，此处注意用笔不要太重，应该层层深入。最后，灰色调的丰富总是在整体关系的协调的基础上体现出来的，所以在深入刻画的阶段还是要注意画面整体的协调性，要始终具备整体意识，画整体里的局部细节。

第四步：调整完成

把要表现的东西都画出来之后就需要对画面进行统一调整了。建议把画放到远处，思维从前阶段的局部深入中跳出来，把观察的重点放到大的形体、明暗、空间效果上，检查画面是否太花、太碎，主次关系是否表现到位，哪些地方还画得不够，或用力过度需要被削弱的。这时，要努力追忆我们在作画之前，该表现对象给我们留下的第一感受，是否已经表达出来了。其实，对画面的统一调整，也是在审美能力上的一种学习和提高，只有经过不断的反复练习，才能准确把握住客观物象并通过造型手段艺术化地表现出来。

三、素描常见问题

1. 形不准

素描训练的是画者的造型能力，初学者一开始接触素描，肯定会出现形体、比例、透视画得不够准确的问题，这个问题一方面需要老师的指导纠正，培养出正确的观察方法，另一方面需要学生自己多观察、多思考，思维要经常"跳出来"，整体地对比一下造型，看看比例是否准确，形状是否相似。反复比较、纠正，从而逐步提高自己的观察能力和造型能力。

2. 灰

灰指的是画面的黑白灰层次分不开，各个部分的明暗调子画得很接近，除了灰就是白。要解决画面偏灰的问题就将画面的明暗色阶拉开，分出一、二、三、四等几个梯度，每个梯度的亮暗程度必须要有较为明显的不同，这样画面就不会显得含混不清，显得"灰"了。

3. 脏

画面看起来会有一块一块的灰斑或黑渍，显得不整洁。这是因为排线太乱，没有规律性或用橡皮擦得太多，又不够干净引起的。需要注意排线的顺序和质量，排线方向要顺着物体的结构，先画暗部，再画灰部，最后画亮部，顺序不要颠倒。用橡皮擦或其他涂抹工具的时候要使用到位，所有工具，只要是会在画面上留下痕迹的，都应该被当成画笔来对待，切不可被忽视。

4. 花

画面看起来没有重点，不够整体，显得有些凌乱。比较常见的情况是过度处理暗部反光位置的亮度和里面的内容，不恰当地夸张反光的亮度会喧宾夺主，破坏了亮部和暗部的大对比关系，失去光源的统一感。

5. 孤立

对画面上每个物体都进行详尽细致的刻画，每个物体都很完整，面面俱到，但却失去了画面的整体性。这是因为画者的观察方法不正确导致的，只关注局部而忽视了整体。画面中的物体处理要有主次之分，主体物要处理得具体深入，陪衬的物体可以画得虚一些，概括一些，这样画面才能体现出整体的气氛。

第二节　石膏写生课题

石膏几何写生

一、石膏几何写生

素描学习中的石膏几何形体作业，是认识和描绘复杂客观物象的最初课程，一是因为石膏的质地单纯且呈白色，而且形体固定不变，便于画者进行观察和描绘。二是石膏几何形体的结构关系一目了然，自然界中的物象形体虽然千变万化，但都是在这些最基本的几何形体的结构关系上发展和演变而来的。

在进行石膏几何写生的时候，一般会选择几件不同类型的石膏几何体进行组合，其中有圆球体、立方体和与它们之间有衔接过渡关系的形体。采用天窗的自然顶光或人为地设置固定灯光源，使之既有大的黑白对比关系，又能呈现出丰富的灰色调的过渡关系。再在石膏组合体的下面垫上浅灰色的衬布，加上柔和的背景环境空间，组成了既有整体感，又有丰富的层次变化与节奏感的石膏几何体画面。

图4-4　正方体写生

图4-5 球体写生

图4-6 圆柱体写生

图4-7

图4-8

第一部分 素描基础

图4-9　几何体组合1

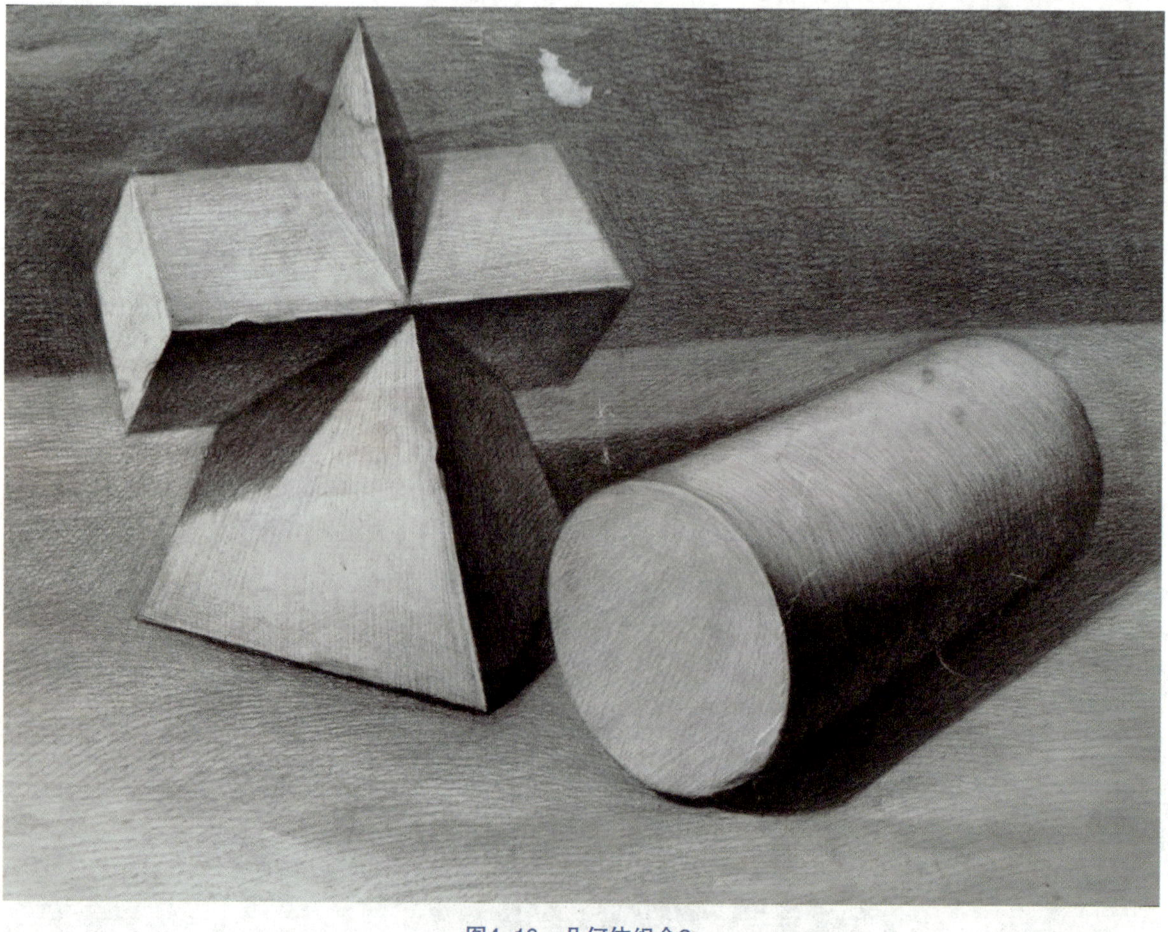

图4-10　几何体组合2

二、石膏写生的要求

1. 形准

形准是石膏写生的最基本要求，形准就是要求画者在符合透视规律的情况下，真实准确地还原所要表现的对象，不但要还原真实物象，还要还原画者对物象的真实感受。初学者对于"形准"的要求必须严格，画不像、无感受的变形要禁止，强调特征、构图需要、做统一处理的主观表现要提倡。

训练形准的过程也是训练观察方法的过程。观察方法是绘画活动中最根本最核心的内容。"观察"是一种大脑和眼睛结合并用的思维方式，从学会如何"观察"到懂得如何把"观察"到的内容用自己的绘画语言表达出来，这就是绘画艺术的全过程。一般来说，正确的观察方法是指由整体到局部，再由局部回归到整体。除此以外，还有比较的观察方法，通过比较将明暗层次分析得更为深入，将物体之间的关系表现得更加丰富微妙。

2. 立体意识

要在二维平面的纸张上表现三维立体的石膏模型，首先需要画者具备立体意识，有了立体意识才能通过立体塑造以实现画面充分的立体感，塑造出物象的完整结构和整体的空间构造。在基础训练中，坚持以充分的明暗手法来塑造形体，不仅训练了明暗手法本身，更重要的是逐步养成全面立体观察、立体感受的习惯。画者要习惯于形体结构与明暗视觉之间的转换关系，习惯于对造型细致丰富的感受方式，这些习惯一经养成，就会潜移默化地渗透到未来任何风格手法的造型之中，形成一种可贵的素质。

3. 整体空间构造

全部深深浅浅的调子如何构成一个有序的整体，靠的是画者对画面的归纳与整理。归纳与整理的主要原则是物象的空间构造，就是把明暗调子理解为面，把面理解为体的一部分，把体再理解为物象全部构造的一个组件，把这些组件再全部安装穿插为完整的空间立体结构，最后形成一张完整的画面。

第三节 静物写生课题

静物组合写生

一、静物组合写生

带有主题性又富有生活情趣的静物写生，是由简单的石膏几何形体练习向复杂的客观物象写生作业的过渡。同时，静物写生可以训练学习者对不同质地的客观物象的塑造和刻画能力，还可以培养观察生活和表达感受的能力。

生活静物作业的摆放，首先要构思安排一组与主题有关的生活静物，要考虑到所摆放静物外形的形体变化、比例关系、黑白灰层次、质地区别，还有与环境背景的衔接等因素。

　　面对摆好的生活静物，要从多个角度去进行观察和比较，不要随便找个位子就开始动手画，要先在头脑里构思出一张画面，想好构图和黑白灰关系，做到心中有数，胸有成竹。

图4-11

图4-12　苹果写生

图4-13 香蕉写生

图4-14 鸭梨写生

图4-15　静物组合1

图4-16　静物组合2

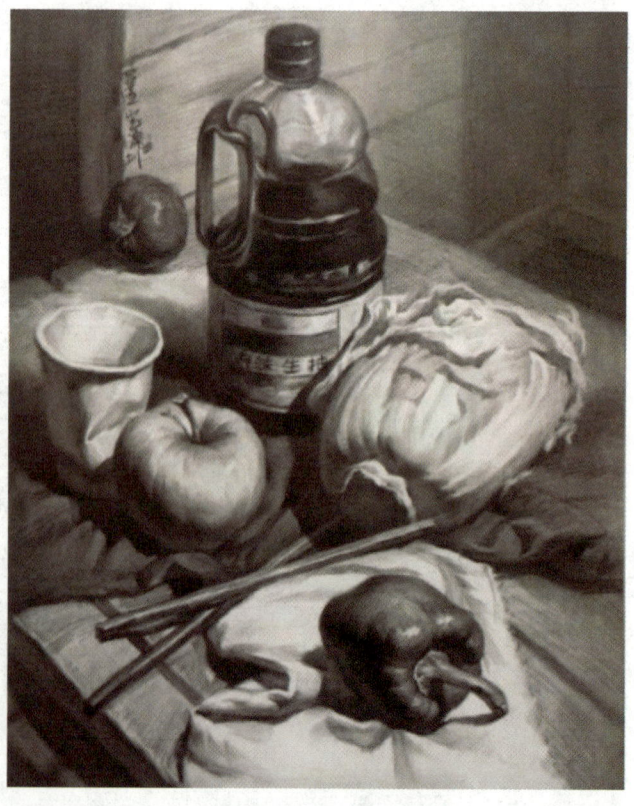

图4-17　静物组合3

图4-18 静物组合4

二、静物写生的画法和步骤

第一步：定构图、起轮廓

首先，在画面上勾画出物体的位置和基本形，可分别定出各个物体的上下左右位置，注意与画面四边的空间距离，物象与纸张的大小比例关系要和谐舒适，不能太大也不能太小，从一开始就要具备掌控画面的能力，不能被动地顺着画面而任其发展。在起轮廓时，要注意物体之间的结构关系，造型特征，比例关系，黑白灰的安排和环境背景的衔接。总之，在静物写生的初始阶段不能孤立地去画局部，要整体观察，上下左右"跳"着画，相互参照着去找特点，尽量把客观物象的形体画准。

第二步：深入刻画

当客观物象的形体轮廓确定之后，就要进入到对物象的深入塑造阶段。深入塑造形体关系，是认识、理解和表现客观物象的重要环节，需要画者静下心来，对物象进行深入细致的研究。生活静物中所包含的形体结构关系与石膏几何体的造型规律是相通的，只是静物的外表更具生活化了，在认识和掌握客观物象的结构关系时，还要注意表现出不同静物所具有的丰富的生活意趣。

在静物写生中，要注意对不同质地的物象做深入细致的观察和具体的描绘。如玻璃器皿的透明效果、金属器皿的反光效果、陶瓷器皿的粗糙效果、丝绸布料的细腻效果等等，总之，对客观物象不同质感的描绘是对画者感受能力和表现技法的一种训练。

第三步：收拾调整

当把静物组合中所看到的和感受到的东西都画出来后，就需要停下笔来，把画放到远处，认真地揣摩画面。再重新整体地感受下所表现的静物组合，调整画面的黑白灰关系，比较主次、强弱的变化，削弱画面中不和谐的因素，加强画面的整体感，使其更加和谐统一。有经验的画者都很重视最后调整画面的阶段，在调整画面的同时，实际上也包含着对画者艺术品位的培养和磨炼。

图4-19

图4-20

图4-21

第四节　头像写生课题

一、素描头像写生

素描头像写生一直是素描训练课程的重要环节之一，也是很多专业画家研究的课题。我们可以从很多历代大师们的经典素描人像作品中窥见其具有的艺术含金量，那些充满魅力的素描头像大多是为创作而准备的设计稿，但却具有独特的艺术价值。研究素描头像写生的技法应对有关的艺术问题进行广泛的思考和研究，使画者在提高绘画技法的同时可以对艺术的思维、观念进行培养和磨炼。它能够帮助画者提高整体而全面地观察世界、准确而客观地表现对象的能力，是促进眼、脑、手高度协调一致而行之有效的方法。

素描头像写生要求画者需要进一步研究和分析头部的解剖结构，主要包括骨点对造型的影响，五官比例及不同年龄、性别的一般差异，表情变化对五官形态的影响，头部动态和透视变化规律。画者只要掌握了绘制素描头像的基本方法，就能较准确地表现出具体对象的形象特征和神态特征。

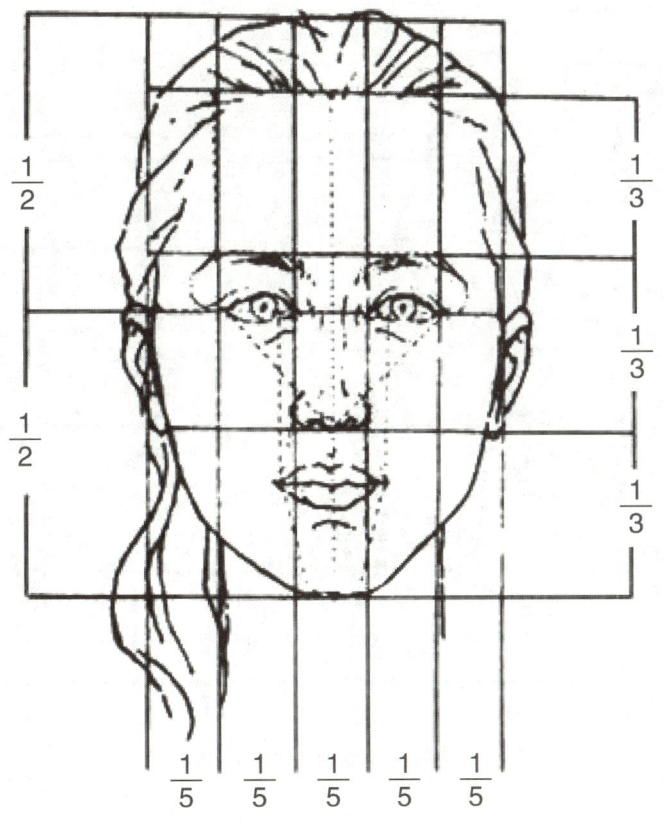

图4-22 三庭五眼

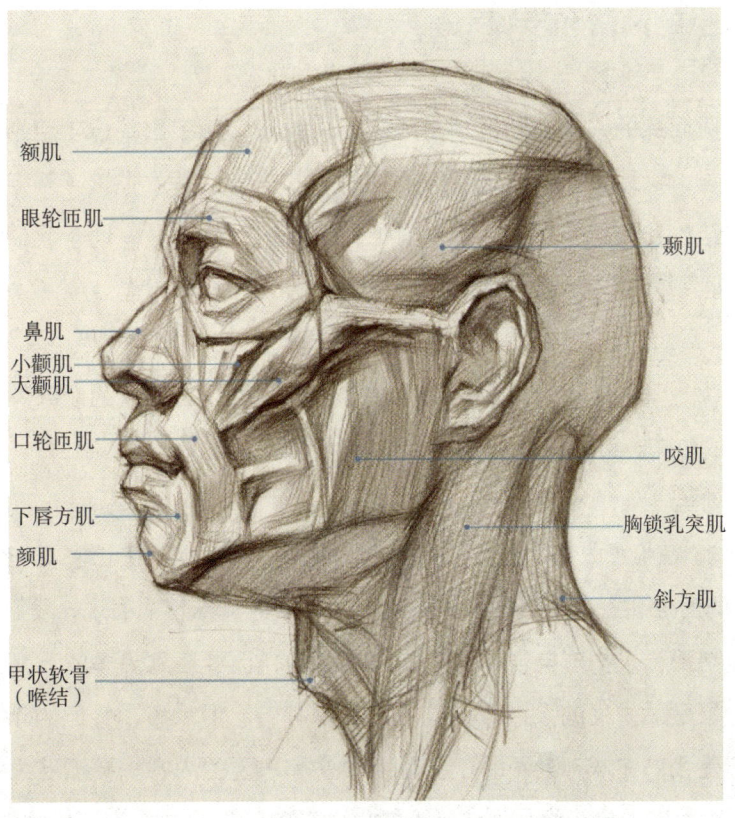

图4-23 面部肌肉分布

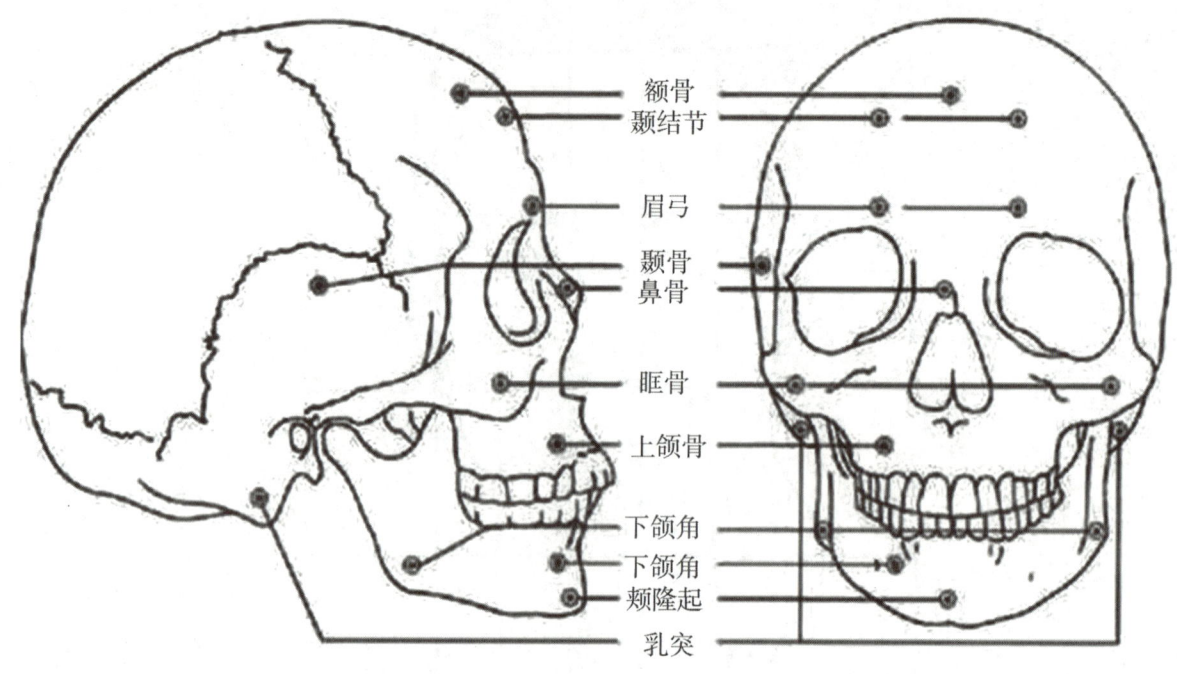

图4-24 面部骨点分布

二、头像写生的画法和步骤

第一步：定构图、起轮廓

首先在画纸上用简练的线条勾勒出写生对象的外轮廓，确定出头像（包括头、脖子、肩膀）在画纸上的大致位置，然后进一步确定头像的外轮廓和五官的基本位置，确定形体大致的结构和体积转折关系，在结构和体积转折的关键位置上作一标记，这样做有助于我们快速准确地抓住所表现对象的主要特征。

第二步：分面

分出受光面和背光面，在背光面适当涂上暗灰色调，表现出大致的明暗关系和体积关系。准确地画出面部五官的位置，注意五官的结构、比例关系。

第三步：深入刻画

深化形体、结构，在检查人物的形象没有大的问题后，要大胆、肯定地深入刻画人像面部结构，加强形体的力度，同时深化五官的表现。注意对人物形象的特殊性的表现，我们画人物头像写生，不像画石膏体、静物那样只把对象当作一般物体来表现，而要注入更多的人文关怀在画面上，因为我们所表现的对象是活生生的人，每张脸的背后都有自己的故事，头像的年龄、性别、种族、精神状态等特征都是我们在深入刻画时所要重点关注和表现的内容。要抓准人物头像的每一处细微变化，才能真正表现出人物头像写生作品上的生动形象，这也是头像写生的难点所在。

头像写生的画法和步骤

第四步：整体调整

素描进入最后阶段，要全面铺开地深入，要小心收拾。把画面推到远处整体观察，检查是否把各个部分的明暗关系画到该有的程度，明暗层次是否丰富合理，骨形结构（包括眉弓、颧骨、鼻梁等）、骨点是否准确到位，五官表现是否画得足够充分。用整体的眼光和最初的新鲜感全面地审视画面，对画面进行全面调整、局部塑造，直到满意为止。

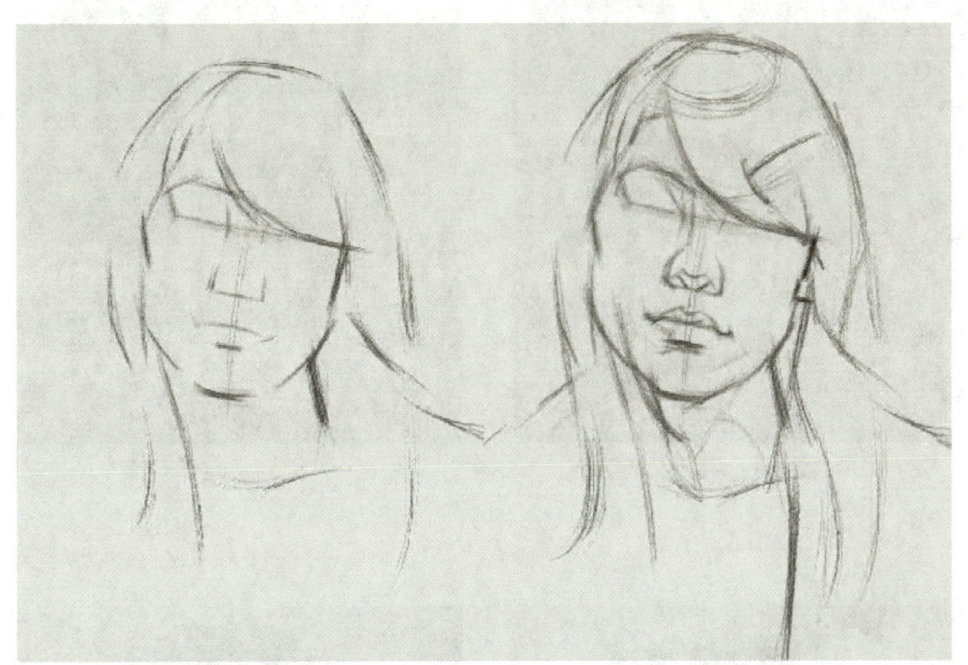

图4-25

图4-26

图4-27

图4-28

图4-29

图4-30

图4-31

图4-32

图4-33

图4-34

第一部分 素描基础

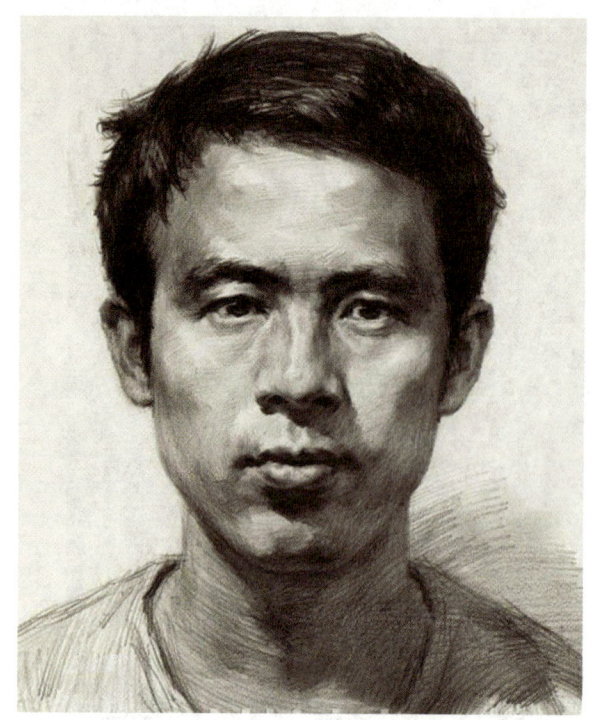
图4-35

图4-36

图4-37 费欣作品1

图4-38 费欣作品2

图4-39　费欣作品3　　　　　　　　　图4-40　费欣作品4

第一部分　素描基础

第二部分 色彩基础

- 第五章　色彩概述
- 第六章　色彩表现的媒介材料及技法
- 第七章　色彩的整体观察法与课题训练
- 第八章　优秀作品欣赏

第五章　色彩概述

习近平总书记强调:"美术教育是美育的重要组成部分,对塑造美好心灵具有重要作用"。色彩基础与运用是视觉传达艺术的重要一环,对于学生今后的艺术实践具有非常重要的作用,掌握色彩理论并学会在设计实践中运用,是高校设计专业学生必备的基本功。在色彩教学中,教师应指导学生积极参与艺术设计实践活动,让学生用画笔描摹心中的蓝图,用纯真的色彩表达对祖国、对党的热爱。

第一节　色彩基本概念

色彩三要素

一、色彩三要素

色彩三要素包括色相、明度、纯度,它是色彩最基本的属性,熟悉和理解色彩的三要素,对于我们认识色彩和运用色彩具有极为重要的作用。

1. 色相

色相即色彩的相貌,其差别是由光的波长决定的,大致划分为红、橙、黄、绿、青、蓝、紫七种可见光谱。其中红、黄、蓝为三原色,其他任何颜色都是以这三种颜色为基色按一定比例混合而成的。两种颜色混合出来的为间色,两种以上的间色混合为复色。

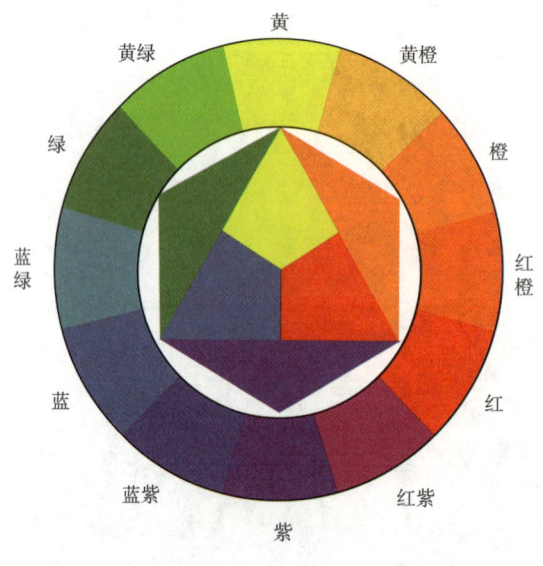

图5-1　十二色环

2. 明度

明度指色彩的亮暗程度。可以想象把自然界中丰富多彩的物体拍成黑白照片，所呈现出来的黑白灰效果就是所拍摄物体的色彩的明度关系。形成不同明度的原因是同一色彩受光线强弱的影响会产生不同的明暗变化，加黑或加白也可降低或提高明度，使色彩变暗或变亮。此外，不同色相之间也有不同的明度区别，如黄色与紫色，从黑白程度上区分，黄色接近于白色，紫色则更接近黑色，绿色、橙色则处于中间状态，接近灰色。明度要素是色彩的骨髓，尤其在绘画中，只要色彩的黑白灰关系协调好了，整个画面的色彩就会协调稳定。

图5-2

3. 纯度

色彩的纯度，也称为饱和度，是指色彩单一性程度的高低。如同一色彩，加入由黑和白调和而成的灰色，随即由鲜变浊，其纯度也就随之降低。要使色彩的纯度降低，可加入灰色或此种颜色的对比色，使之逐渐变灰。在实际的绘画实践中，画面上极少用到纯色，纯度的变化极为微妙，只要把某种别的颜色稍稍混入到纯色当中，就会使颜色的纯度降低，产生一种全然不同的色彩感觉。

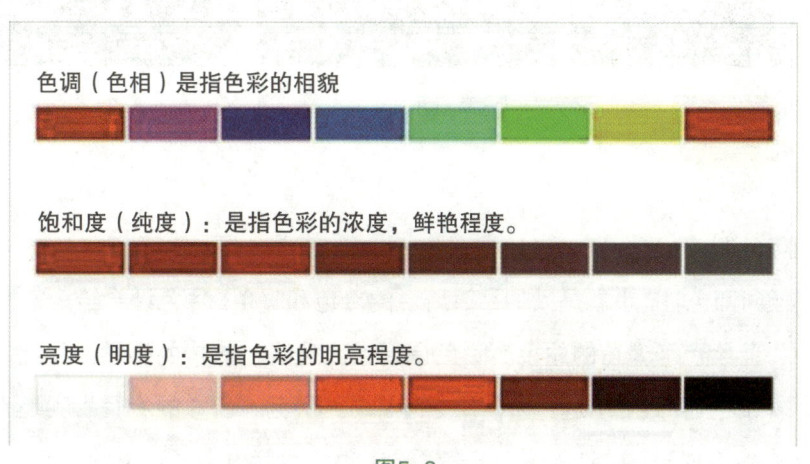

图5-3

第二部分　色彩基础

二、色调的概念及分类

什么是色调？一个画面中诸色彩之间相互对比所呈现的整体色彩倾向和视觉效果称之为色调。简言之，画面的色调就是画面的色彩对比关系。

色调按色性来划分，可以分为冷色调和暖色调；按明度来划分，可以分为高调、中调和低调三种调式；按纯度来划分，可以分为鲜调和灰调。

色调的概念及分类

图5-4

1. 冷色调和暖色调

色彩的冷暖倾向即色性，也就是人们平时所说的冷色和暖色。冷色调会给人寒冷、平静的感觉，如蓝色、蓝绿色、蓝紫色等偏蓝的颜色。暖色调会给人温暖、热情的感觉，如红色、橙色、橙黄色等偏红的颜色。紫色与绿色则处在不冷不暖的中性色系上。色彩的冷暖其实是心理作用，并非物理显示，但也是色彩的一个重要属性，没有了冷暖感，也就没有了色彩的对比。

图5-5

2. 高调、中调和低调

在明暗关系上,色调可分为高调、中调和低调三种调式。高调色彩浅而明亮,显得轻松、明快;中调色彩较容易配色,既可以显得活泼、兴奋,也可以显得平静、凝重,但要注意避免沉闷和模糊;低调的色彩显得深沉、严肃、忧郁。画者可根据画面所要表现的不同氛围、情绪,选用不同调性的色彩进行表现。

图5-6 雷诺阿作品1　　　　　　图5-7 雷诺阿作品2

3. 鲜调和灰调

色调按纯度来划分，可分为鲜调和灰调两种。鲜调即色彩的纯度、饱和度较高，画面看起来较为鲜艳，常给人活泼、鲜活的感觉，具有较为强烈的视觉冲击力；灰调即色彩的纯度较低，偏向灰色，画面看上去较为柔和，常给人沉稳、内敛的感觉，灰色调层次丰富的作品会显得比较耐看。

图5-8 梵·高作品2　　　　　　图5-9 莫兰迪作品

图5-10　大卫·霍克尼作品　　　　　图5-11　马蒂斯作品1

三、色彩的对比与表现

色彩对比是指两种或两种以上的色彩并置在一起，从而产生出一种温和内敛或强烈鲜明的视觉感受。色彩对比能使主题更加鲜明突出，通过色相、明度、纯度、面积等多方面因素使画面产生对立统一的视觉效果。

1. 色相对比

色相对比是色彩对比中最常见、最简单的一种。只要是两种不同色相的色彩放置在一起，就会产生色相对比。不同色相之间的关系，可以是临近色、对比色和互补色，根据两种颜色在色环上的位置决定。临近色对比显得柔和、充实、丰富，对比色的运用显得兴奋、强烈、生机勃勃，互补色的并置则显得刺激，颜色之间促成最大的鲜明性。

需要补充的一点是，两种不同色相的颜色放在一起，除了会产生色相对比，也会产生冷暖上的区别，实际上，冷暖关系也是通过对比显现出来的。除了处于冷极的纯蓝色，还有处于暖极的纯橙色，任何其他颜色跟这两个颜色比起来，都会显得偏冷或偏暖。例如红色，我们把它归为暖色系，但是红色跟橙色比起来，红色就会显得偏冷。所以，除了处于冷极和暖极的两种颜色外，没有其他颜色是绝对的冷色或暖色，冷暖是互相作为对比条件而成立的。

图5-12　莫奈作品1

图5-13　莫奈作品2

2. 明度对比

　　色彩中的明度关系也被称为素描关系，最强的明度对比是黑色和白色，在它们之间有无数的灰色和彩色的领域。无论是黑白灰中间的明暗现象，还是纯度色彩中间的明暗现象，都需要我们认真研究。由于明暗色调具有很强的造型力量，可以在空间感上影响画面，因此画者必须巧心经营以控制这样的效果。

图5-14　雷诺阿作品3

图5-15 雷诺阿作品4

图5-16 雷诺阿作品5

第二部分 色彩基础

图5-17　莫奈作品3

3. 纯度对比

纯度对比就是在纯度较高的强烈色彩同稀释的暗淡色彩之间的对比。要降低一种色彩的纯度，可以选择加白、加黑、加灰、加互补色四种方式，也可几种方式混合使用，如一种纯色加完它的互补色之后再加白色，就会变成一种特殊的高级灰的颜色。不同的方式会产生不同的色彩效果，画者需要经常实践才能熟悉各种颜色调和后的属性。

图5-18 梵·高作品3

4. 面积对比

面积对比是指两个或更多色块的相对色域。这是一种色彩多与少、大与小之间的对比，我们要研究的是两种或两种以上的色彩之间应该有什么样的色量比例才算是平衡的，也就是色彩面积上的对比统一关系。一张优秀的色彩作品都应该有一个主色调，主色调会占画面整体绝大部分的面积，再配上小面积的对比色，这样就容易使画面配色显得生动活泼，主次关系明确。

图5-19 梵·高作品4

第二节 色彩静物的工具和材料

一、水粉画、水彩画颜料

水彩和水粉都是水性颜料，也就是它们的调和介质都是水。水彩颜料是用研磨得很细的颜料色粉末加入水解的黏合剂做成的。黏合剂的主要成分是胶，通常使用甘油作为增塑剂，淀粉、黏土等作为增稠剂，还要加入杀菌剂和防腐剂。水彩颜料颗粒最细，属于透明颜料。相对来讲，水粉颜料的颗粒较大，属于半透明或不透明颜料。水粉颜料比水彩要厚一些、软一些，附着于一定的基面，如纸张，可形成密集的涂层。在色彩绘画中，若将水彩颜料与水粉颜料混合使用，则可获得不同的艺术效果。

图5-20 水粉颜料

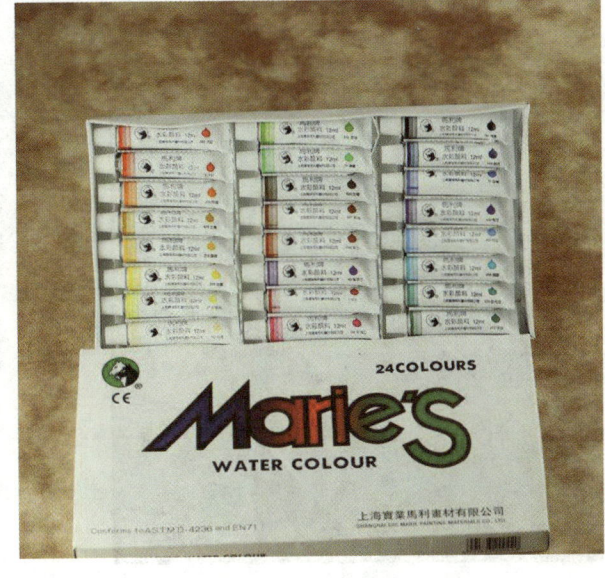

图5-21 水彩颜料

二、画笔

水粉画要求着色工具有很强的适应性,除专用水粉笔、水彩笔外,排刷、毛笔、刮刀、底纹笔、油漆刷、油画笔等等都可以使用,而且特殊的工具往往会画出特殊的笔触,产生不同的效果。水彩画对画笔的要求比较高,由于其透明的颜料特性,水彩画的表现一般采用薄画法,这就要求使用吸水性较强的画笔,如水彩笔、毛笔或柔软的、吸水性较强的排刷。

画笔

图5-22 水彩笔

图5-23 水粉笔

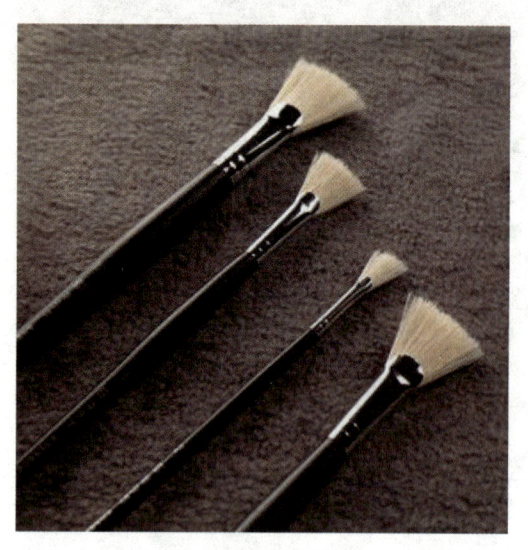

图5-24 扇形笔

图5-25 排刷

三、纸张

　　水彩、水粉颜料适合用于多种依托载体上，如各种纸张、画布、木板、墙壁等等，但我们平时做色彩练习的主要载体还是纸张，如专用的水粉纸、水彩纸、铅画纸、白板纸、绘图纸、有色卡纸、宣纸、皮纸等。各种依托载体所产生的表现效果是不一样的，需要不断尝试以积累经验。只有熟悉材料才能获得最佳的特殊表现效果。

水粉纸

图5-26 水粉纸

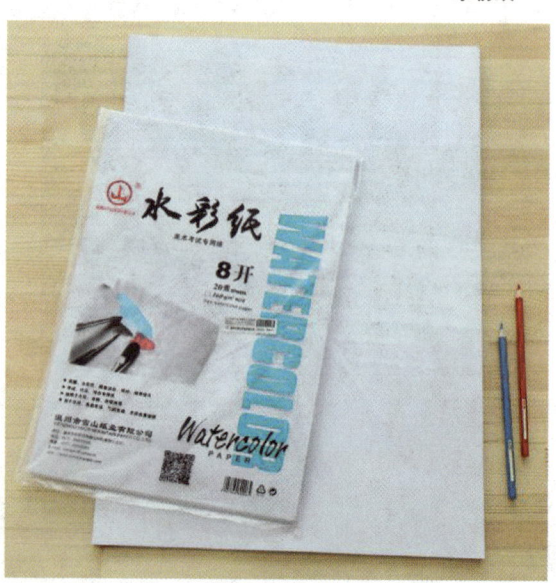

图5-27 水彩纸

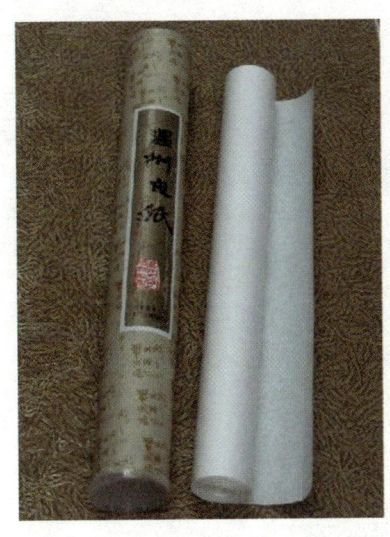
图5-28 温州皮纸

图5-29 卡纸

四、其他工具

颜料盒：将颜料装在颜料盒中，方便使用和携带。颜料盒内有若干的空格，每个空格装一种颜色，画者可根据色彩的冷暖或明度变化将颜料按顺序排列于颜料盒内。

调色盘：用于调和各种颜色。

海绵、吸水布：用于擦干画笔上的水分或颜色。

水桶、笔洗：用于盛水、洗笔。

胶布、图钉：用于固定纸张。

调色盘

图5-30 调色盘1

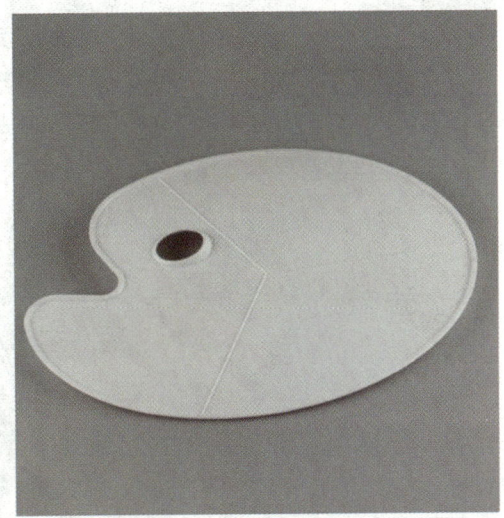
图5-31 调色盘2

图5-32　海绵

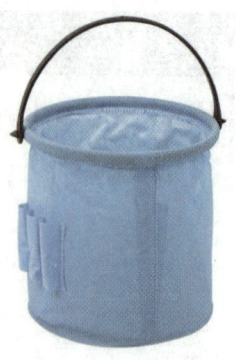
图5-33　水桶

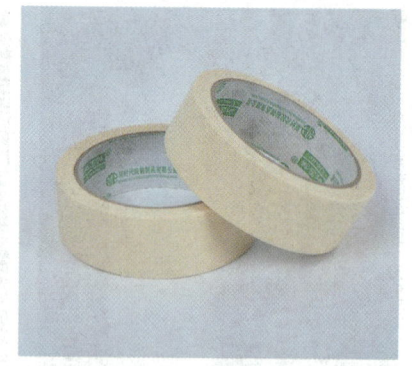
图5-34　纸胶带

第三节　写实色彩与装饰色彩

一、写实色彩

写实色彩在绘画过程中应客观、科学地认识对象的外部特征和细节样式。在写生时要注重客体对象的环境、光源与客体的相互关系，客观地分析对象，以画者对对象的感受和表现为主要绘画目的。客体对象不仅仅是参照物而且是完全的临摹对象，在绘画中，由于画者会被客体对象所左右，因而会处于相对被动的地位，不仅仅要关注色彩，还要关注写生对象的结构、空间、细节等因素。

图5-35　安格尔作品2

图5-36　安格尔作品3

二、装饰色彩

在装饰色彩中，画者会把精力放在色彩的表现力和对画面整体的构成和形式感上。在作画时，更加强调主动的理性的设计意识，不以描摹对象的客观存在状态为目的，客观对象仅仅是参考物，用于框定大致的作画内容，画者才是画面的主人，这样就使其主动性大大增强了。装饰色彩写生需要源于自然，但不受自然的限制，在自然的基础上进行概括、提炼、抽象与丰富，并按画者的需要去主动地、理性地分析画面，处理画面。

图5-37　克里姆特作品

图5-38　席勒作品2

图5-39　席勒作品3

图5-40　席勒作品4

第六章　色彩表现的媒介材料及技法

美术教学是美育的重要组成部分。在教学中，我们应坚定文化自信、增强文化自觉，把社会主义核心价值观融入学校美育的各方面、各环节，应结合美术学科专业特色，积极探索教育教学，在色彩表现及技法课程中深度融入课程思政，提倡师生参与各式实践活动，鼓励动手动脑、会心会意，真正达到以美养德、以德铸魂、化育人心的效用。

第一节　水粉画

一、水粉颜料的基本特性

优点：

1. 绘制工具简便、轻捷且广泛。

2. 色泽明快、清新、鲜丽。

3. 覆盖力强，利用水而又不依赖水，易于稀释、潮解、快干，能够湿画、薄画、干画、厚画，可以平涂、渲染、渗化。

缺点：

1. 干湿变化大，干燥速度快，衔接与渐变比较困难。

2. 不适宜多次涂色与反复修改，含胶质成分的色层如果过厚容易干裂剥落。

3. 由于含白粉，颜色容易"粉""灰""脏""涩"。

4. 耐光性、耐潮性、耐热性较差，作品不易保存。

二、水粉画技法

1. 薄涂法与厚涂法

薄涂法顾名思义，就是绘制水粉画时用色较薄，颜色有透明效果，可以通过反复的渲染丰富画面的层次感，会产生既透亮又厚重的效果。厚涂法是用色厚重、色彩重叠甚至堆砌的着色方法，此法可产生结实、奔放的画面效果，缺点是如果涂得过厚容易干裂剥落。

2. 干画法与湿画法

干画法就是颜料着色时用水较少甚至不用水，可以用平涂、散涂、堆叠等方式作画，笔法肯定，肌理厚重，覆盖力强，无须考虑干湿变化。湿画法则需要用较多水分进行调色，或在湿润的基面上，保持湿润的状态下进行作画，有趁湿衔接法、不完全调和法、湿纸法、趁湿叠色法等。湿画法水色饱和、交融渗化、畅快淋漓，但干湿变化大，画者需把控好着色时间和颜料的水分。

3. 其他技法

水粉画颜料因具有较强的技法兼容性，所以在基本技法的基础上还有很多特殊技法，如透底法，就是有意识地借助底层颜色，一种是直接显露底色，另一种是运用透明色获得上下层透叠的关系，使得画面具有含蓄的层次感。还有水洗法、刀画法、肌理法、喷绘法、滴洒法、泼色法、擦吸法、沾印法等等，不同的技法能表现出不同的画面效果，画者需要多多尝试才能灵活运用。

三、色彩的笔触与形体关系

一定的笔法会产生一定的笔触效果，而构建一幅画笔法、笔触的整体关系，即画面的肌理效果，是获得水粉画表现语言的重要手段。笔法、笔触的整体关系一般指水粉画表层结构的粗犷与平滑、模糊与清晰、湿润与干枯及笔触的大小、轻重、虚实、露藏、畅涩、刚柔等对比关系的恰当选择与组合。在色彩练习过程中，我们要尽量做到一笔落画，形色兼备。

不同的运笔方法会在画面上留下不同的痕迹，形成一定的肌理效果，画者可根据不同的肌理效果表现物象不同的质感。除此之外，笔触的方向还可以塑造物体的结构。色彩绘画说到底是色与形的有机结合，色指色彩的色调、明度、纯度、冷暖等因素，形则是指形体的结构和体面转折。物体的轮廓和结构、体面转折，有着边缘明显和柔和的区别，不同笔触可以表现出不同的形体结构与体面转折，这就是造型，也是笔触的造型作用。

在色彩绘画中，笔触有其自身的形式规律，宽大外露的笔触给人以挥洒、粗犷的感觉，细小含蓄的笔触则给人精巧细致的感觉，圆润则显浑厚，方挺则显犀利。总之，笔触在大小、粗细、方圆等构成中应体现出一定的韵律和节奏，避免呆板或花哨，要形成对立统一的关系。

图6-1

图6-2

图6-3 陈鸿荣作品3

第二节 水彩画

一、水彩画颜料的基本特性

1. 透明

水彩颜料质地细腻、透明，画面色彩的表现是通过反映被水彩颜色所覆盖的白色水彩纸的光泽而产生，也可以说画面颜色是由颜料通过水为媒介作用到白色水彩纸上混合后得到的效果。

2. 以水为媒介

水彩画以水为媒介，它依靠水彩笔中所含的水分使水彩颜料融合与渗化后再画到水彩纸上，在水彩画中，水的运用是很关键的。水多了，颜色到处流，得不到所需要的形状和颜色；水少了，颜色太干，失去水彩透明、润泽的特点。

3. 覆盖性差

水彩颜料的覆盖性能较差，特别是亮颜色不具有覆盖性，当然，在水彩颜料中，也有透明色系和不透明色系之分。

4. 不能反复多次描绘

水彩画要力求在一两遍之内完成，不可反复地铺颜色、堆叠及修改。反之则会使画面变脏，破坏画面整体效果。水彩画不能多次描绘的特点，就要求画者对水彩技法的掌握较为熟练，掌握起来也比较困难。

5. 不易修改

水彩画不易进行大面积的修改，如果我们铺颜色时不小心把颜色铺错了，比如在亮部铺上了重颜

水彩画颜料的
基本特性

色，那基本上是没有办法进行补救的，只能弃之重画。所以对作画过程中运用颜色的准确性要求很高。

二、水彩画技法

1. 干画法

水彩画技法

水彩画的干画法是一种多层画法，用层涂的方法在干的底色上着色，不求渗化效果，可以比较从容地一遍遍着色，较易掌握，适于初学者进行练习。但干画法不能只在"干"字方面做文章，画面仍须让人感到水分饱满、水渍湿痕，避免干涩枯燥的毛病。干画法可分层涂、罩色、接色、枯笔等具体方法。

层涂：即干色的重叠，在着色干后再涂色，一层层重叠颜色表现对象。在画面中涂色层数不一，有的地方一遍即可，有的地方需要两三遍甚至更多，但也不宜遍数过多，以免色彩变灰变脏，失去透明感。

罩色：实际上也是干色重叠方法，只是罩色的面积要更大一些。譬如画面中几块颜色不够统一，得用罩色的方法，蒙罩上一遍颜色使之统一。注意罩色的时候要一遍铺过，不要回笔，否则容易带起底色会把色彩搞脏。

接色：干的接色是在邻接的颜色干后在其旁边涂色，色块之间不渗化，每块颜色之间也可以湿画，增加变化。这种方法的特点是表现的物体轮廓清晰、色块明快。

枯笔：笔头水少色多，运笔容易出现飞白，或用水比较饱满在粗纹纸上快画，也会产生飞白。

2. 湿画法

湿画法可分湿的重叠和湿的接色两种。

湿的重叠：将画纸浸湿或部分刷湿，未干时着色或着色未干时重叠颜色。水分、时间掌握得当，效果自然圆润。表现雨雾气氛、湿润水汪的情趣是此技法的特长，为某些画种所不及。

湿的接色：邻近未干时接色，水色流渗，交界模糊，表现过渡和色彩的渐变多用此法。

画水彩大都由干画、湿画结合进行，湿画为主的画面局部采用干画，干画为主的画面也有局部的湿画，干湿结合，浓淡枯润，妙趣横生。

3. 特殊技法

刀刮法：水彩着色之前先用小刀在画纸上或轻或重、或宽或窄地刮毛，以破坏部分纸面，着色之后出现较周围颜色重一点的形象，这是因为刮毛之处吸色能力强，所以变重了些，这种技法表现虚远的模糊形象或隐约可辨的细节效果较好。

蜡笔法：用蜡笔或油画棒在着色前涂在有关部分，着色时尽管大胆运笔，涂蜡之处自然空出，此法用以描绘稀疏的树叶、夜晚的灯光、繁杂的人群等都比较得力，可以达到事半功倍的效果。

吸洗法：使用吸水纸（过滤纸或生宣纸）趁着色未干吸去颜色。根据画面效果需要，吸的轻重、大小可灵活掌握，也可吸去颜色之后再敷淡彩。用海绵或挤去水分的画笔吸洗画面某些部分，也别具味道。

撒盐法：颜色未干时撒上细盐粒，干后出现雪花般的肌理趣味。撒盐时应把握好画面的干湿程度，过晚会失去作用。注意盐粒在画面上要撒得疏密有致，随便乱撒，容易导致前功尽弃。

对印法：在玻璃板或有塑料涂面的光滑纸上先画出大体颜色，然后把画纸覆盖，像印木刻一样，画面会粘印出优美的纹理，颇具乐趣。

油渍法：水与油不易融合，利用这一特性，着色时蘸一点松节油，会出现斑斓的油渍效果，使平凡的色块增加变化。

图6-4

图6-5

图6-6

图6-7　关维兴作品1

图6-8　关维兴作品2

第三节　油画

一、油画颜料的基本特性

油画颜料的性能可以通过着色力、耐光力、遮盖力、透明度、坚韧度、干燥度、可塑性等几个方面来评判。这些性能可以直接影响作画效果。

1. 着色力

颜料的着色力指的是一种颜料与另一种基准颜料混合后呈现其本来颜色强度的能力。通常以白色为其他颜色的基准色来衡量它们的着色力，油画颜料的着色力相比其他颜料而言是比较强的，但不同颜色之间着色力强度也有差别。

油画颜料的基本特性

2. 耐光力

耐光力也叫耐晒力或耐光性，是指颜料在日光中的紫外线照射下保持原来色彩的能力。一般来说，无机颜料在光的作用下会发灰变暗，有机颜料则会变淡褪色，但总体来看，油画颜料的耐光力会优于水粉、水彩颜料。

3. 遮盖力与透明度

颜料的遮盖力是由颜料的光学特性决定的，当颜料的折光率和存在其周围介质相等时，这颜色就呈透明状。而当颜料的折光率大于介质的折光率时就会产生遮盖力，两者差异越大遮盖力就越强。油画颜料中遮盖力较强的有白色、黑色和含铁类颜料，透明度较好的颜色有深红、翠绿、群青、象牙黑等。但无论何种颜料，其透明和不透明都不是绝对的，油画颜料的遮盖力和透明度也是相对而言。在实际绘画中，大量的颜色处于各种半透明状态，与透明和不透明色域一起形成丰富而微妙的对比。

4. 坚韧度

油画颜料在干燥后会形成一层具有一定坚韧度的油膜，这与颜料的密度比重和颜料的吸油量有关。正因为这样，油画具有很耐久的保存性。

5. 干燥速度

油画颜料的干燥速度是极为重要的性能，对油画制作的步骤与程序有很大的影响。油画颜料的干燥速度比水粉、水彩颜料要慢得多，一般正常厚度的平涂色膜的表面干燥时间为2~4天，实际的干燥状况要受到具体的媒介剂性质、气候、通风条件、底子性质和颜色厚度等许多因素的影响。

6. 可塑性

油画颜料的可塑性是色粉加以适度的调色油形成膏状后所产生的，随着笔和刀等工具的运用，颜料在干燥后保留绘画时形成的笔触和肌理的性能，通俗地说，就是颜料能够在画布上"立起来"。油画颜料的可塑性是体现油画材料与其他画种区别的主要技法特性之一。在厚涂技法中油画颜料的可塑性显得格外重要。

二、油画技法

1. 透明画法

透明画法在十九世纪以前一直是欧洲画的基本画法。这种技法步骤比较多，要先在各种有色底子上用底料做出符合自己理想的素描关系或肌理效果，然后再在上面用透明颜料进行罩染并最后完成作品。油画的透明画法跟水彩画的薄画法类似，不同的是这种画法画起来比较麻烦，制作时间长，要等形体塑好后放上一周或更长时间，待它完全干透再一层层敷以透明颜色。

2. 厚涂画法

厚涂画法比透明画法更直接，它可以在颜料还没干的情况下，或者在已干透的颜色上用更厚的颜色进行覆盖叠加。厚涂的目的是突出重点、塑造质感，利用油画颜料的可塑性，将画面表层堆叠成三维实体，给油画作品带来厚实的外观。

3. 技巧技艺

挫：

挫是用油画笔的根部落笔着色的方法，按下笔后稍作挫动然后提起，如书法的逆锋行笔，苍劲结实。笔尖与笔根蘸取颜色的差异、按笔的轻重方向不同能产生多种变化和趣味。

拍：

用宽的油画笔或扇形笔蘸色后在画面上轻轻拍打的技法称为拍。拍能产生一定的起伏肌理，既不十分明显，又不致过于简单，也可处理原先太强的笔触或色彩，使其减弱。

揉：

揉是指把画面上两种或两种以上不同的颜色用笔直接揉和的方法，颜色揉和后产生自然的混合变化，获得微妙而鲜明的色彩及明暗对比，并可起到过渡衔接的作用。

跺：

跺是指用硬的猪鬃画笔蘸色后以笔的头部直接将颜料跺在画面上。跺的方法不是很常用，一般只在局部需要特殊肌理的时候才会应用到。

擦：

擦是把画笔横卧，用画笔的腹部在画面鼓擦，擦时通常是用较少的颜色大面积进行，可形成不很明显的笔触，也是铺底层色的常用方法。在干燥后的底色或起伏的肌理上用擦的笔法可画出类似国画飞白的效果，使底层肌理更为明显。

划：

划指用画刀的刀锋在未干的颜色上刻画出阴线条和形，有时可露出底层色彩来。不同的画刀能产生深浅粗细不同的变化，形成不同的肌理效果。

刮：

刮是油画刀的基本用途，刮的方法一般是用刀刃刮去画面上画得不理想的部分，也可用刀刮去不必要的细节或减弱过强的关系，让紧张的画面关系松弛下来。

砌：

砌的方法是用刀代替画笔，像泥瓦匠用泥刀环泥灰那样将颜色砌到画布上去，直接留下刀痕。用砌的方法可以有不同的厚薄层次变化，刀的大小和形状以及用刀的方向不同也会产生丰富的对比。砌的方法如果使用得当，就会使画面形成很强的塑造感。

图6-9　鲁本斯作品

图6-10　卢梭作品

第二部分　色彩基础

图6-11 费欣作品5

图6-12 费欣作品6

图6-13 修拉作品

第七章　色彩的整体观察法与课题训练

美术教育以"美"当头,要进一步增强师生对美育重要性的认识。色彩的整体观察法与课题训练,是美术人才应具备的表现美、创造美的扎实功力,教师应该开展多种形式、丰富多彩的美术教学活动,通过"课程思政"建设,结合美术作品,充分展示师生积极向党、热爱祖国的精神风貌,提升学生审美和人文素养,从而陶冶情操、温润心灵、激发创新创造活力,高校艺术专业师生应成为新时代"大美之艺"的传承人和创造者。

第一节　色彩整体观察方法的训练

掌握正确的观察方法是学好色彩画的核心环节。画者要知道任何事物都不是孤立存在的,而是彼此之间存在着千丝万缕的联系。如何从符合视觉审美规律的角度,敏锐地发现这些事物之间存在的内在关系,即整体关系,需要画者在长期的训练过程中逐步形成一种观察习惯并积累视觉经验。从艺术角度讲,个人视觉经验的高低决定了其艺术表现的层次。

图7-1

整体观察法的关键是观看对象时眼睛不能在局部观察点长时间停留,而要用视线把整个观察对象尽收眼底,予以同时关照,即同时对比。如果观察对象的整体范围超出了人的视野,就必须采取连续对比的方法,即眼睛在观察对象上不停地上下左右移动,以获得比较。对于初学者而言,在选择表现对象时视觉范围应尽量控制在人眼的视角之内。

采用这种观察方法就能在写生过程中获得对象丰富的色彩、微妙的特征及其整体的色彩倾向,从而得到富有变化而又统一的色彩印象。如果在创作过程中就能够控制整个画面关系,实现不断地矫正,就可以达到创作的预期。

整体的观察方法是一种知觉洞察力的训练,它的特征是观察、思维、判断同时完成,获得对象色彩之间的关系和整体色调。整个色彩表现过程就是从整体角度不停相互观察,不断完善画面色彩关系。较好的色彩关系自然形成较好的整体色调。

图7-2

第二节　色彩训练课题

色彩的归纳训练

一、色彩的归纳训练

色彩的归纳训练要求我们尽量抛去客体对象琐碎的色彩细节的变化,把注意力集中在画面整体的色彩搭配上。在写生训练时，所有客体的色彩在画面中都以平涂的手法处理，适当忽略细节，注意整体。但在画面中要出现视觉中心，这个视觉中心可以是静物也可以是衬布，这要根据画面形式需要而定。

上色时要主动采取理性的分析，注意控制画面的调子，类似色的色块要在画面的色面积中占优势，以控制画面的调性；同时也要注意每个客体色面积的色相，要保持其独特性，类似而不相同。这样的配色虽然会得到一个协调的画面，但也会略失活泼，这就需要画面中有几块小面积的对比色或互补色块来活跃画面的色彩氛围，这些小色块也会成为整幅画面的点睛之笔。

图7-3

图7-4

图7-5

图7-6

图7-7

图7-8

图7-9　马蒂斯作品2

图7-10　马蒂斯作品3

二、色彩的丰富与变化性训练

色彩的丰富与变化性训练

色彩的归纳训练让我们把注意力集中到了画面整体的色彩搭配上，画面中纯粹的大色块占据了几乎所有的空间。然而，仅仅满足于大面积平涂色块的搭配是不够的，还应该研究更加细微的色彩变化，使画面的细节更加耐看，以锻炼我们精细的调色能力，调出更多为画面所需的细微色彩。

色彩的丰富与变化性训练的方式是在画面上打出1000个左右边长为1厘米的小格子，在保持画面整体色彩搭配和谐的基础上，尽量在小格子中调出不同的色彩。这些小格子有些是互补色不同比例的并置。在前面我们已经说明了补色之间的混合可产生无数种变化微妙的彩灰色，如绿色与红色的组合，可得到绿灰和红灰等不同的彩灰色；有些可以是非互补色的色彩并置，可以产生几种色彩的中间色，如蓝色与黄色的混合由于比例上的不同可产生不同种的绿色；还有些可以是有色彩与无色彩的并置，如红色与白色不同量的并置，远观可得到不同明度的浅红色。在这些练习的作品中，色彩会表现出强烈的颤动感和丰富性，十九世纪的新印象派（点彩派）画家常用这种方法来进行创作，远看时，画面色调统一，近看则感觉色彩丰富多变。

要注意的是，在训练过程中，要尽可能调出不同种类的色彩，这种调色不仅仅是按照客体对象进行模仿，而大多是根据画者的画面需要和对色彩的理解，主动地去调色和搭配色彩。

图7-11

图7-12

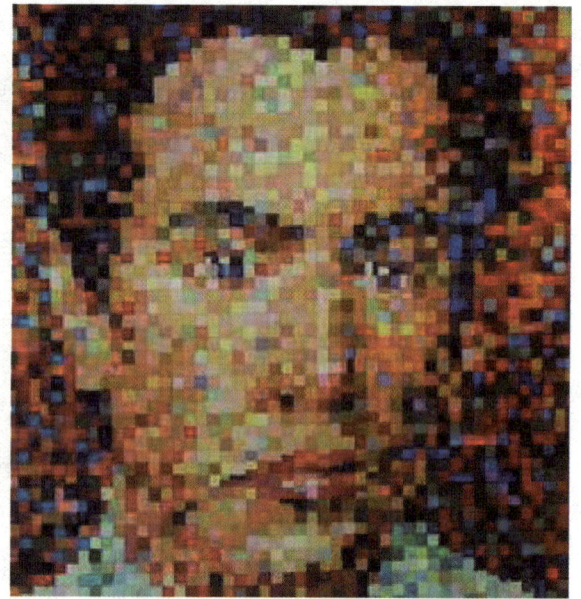

图7-13　　　　　　　　　　　　　　　　　　图7-14

色彩的主观性训练

三、色彩的主观性训练

前面所学的色彩归纳练习和色彩的丰富性练习都是偏"理性"的色彩调配训练，在色彩的主观性训练中，我们就可以根据自己对客体物象的感受和自己想要得到的画面效果主动选择相应的形式去调配色彩。

起初，要用心感受对象，发挥想象力设想所要达到的画面效果，这仅仅是作画前的准备工作。然后要靠理性安排画面，色彩的主观性训练要求这一画面的布局不同以往，需要我们主动思考、设计，而不再是早已规定好的。这里的画面布局就是"构图"，即画面中各个物象的组合、搭配与整理。构图对形态、色彩具有调配、组织和规划的作用。构图要经过缜密的计划、组织、设计、提炼、选择来表现画面的势态、秩序和美感。色彩在画面中的适当与否，不仅仅取决于它本身及其周围的色彩搭配，色彩之间的对比关系，如面积、色量等因素都在起作用，在作品的初始阶段，构图的安排与设计至关重要，将决定一幅作品的成败。

在训练中我们可以主动把具体的形进行打散、切割、分解、概括、变形，对它进行主观的、理性的变形，以营造画面独特的形式感和表现力。这种训练的挑战性很大，画者的主观能动性更强，比如可以在前面的填格子训练的基础上调配这些格子，或大或小，可以是任何规则或不规则的形状，但这些变化一定是经过反复斟酌的，而不是漫无目的的随意变形。在作画过程中，要尽可能地发挥自己的奇思妙想，找出属于自己的形式感和绘画技法。在色彩方面，之前所学的色彩规律暂时可以放下，尽量调出自己认为"美"的色彩，尽量去发现自己认为"美"的色彩搭配和色彩规律。

图7-15

图7-16 毕加索作品1

图7-17 毕加索作品2

图7-18　马蒂斯作品4　　　　　　　　　图7-19　高更作品

第三节　色彩静物写生

　　静物画是一种常见的训练色彩的方式，主要是为了训练我们对色彩规律的掌握，同时强调对水粉画性能的了解和对绘画工具的熟练操作，为今后学习其他画种打下良好的基础。

一、观察视点与构图形式

　　静物写生中，应该特别重视的是设计与布置好写生的静物，处理要求布置者具有较高的艺术素养外，充分齐全的道具、设备也是必要条件。摆放的静物道具应该包括造型完美、形状大小和色彩质地不同的各类器物，还有色相、纯度、明度、冷暖、质地不同的大小衬布若干。当然，生活中有许多自然天成的角落也可以成为我们的写生对象，正所谓生活从来都不缺少美，只是缺少发现美的眼睛，我们应该多观察生活，细心地去发现，去体会生活中的美。

　　静物道具的摆放位置一般低于画者的视平线，这样能使静物充分显现在眼前，利于构图。但有时为了取得特殊效果，也会采用低视点的角度进行写生。作画之前要先围着静物绕一圈，选一个合适的角度写生，可进行高低视点的移动，物体顺逆光效果的比较，远近效果的比较等。一个好的角度应使主体物比较突出，主次分明，布局均衡稳定，光线集中，色彩效果较好且有一定特点。每组静物都有很多可表现的角度，而且各具特点，这可以让画者进行一定的观察训练，从而逐渐提高构图能力。

图7-20

图7-21

第二部分 色彩基础

静物构图中，主体物画得太大或太小都是不合适的。空间大物体小，画面会显得灵活、舒展，但如果处理得不好，构图会显得空洞，内容不充实；物体大空间小，产生的效果是主体物突出，充实饱满，处理得不好就会使画面显得拥堵、沉闷、粗糙等。所以，选取好的角度加上大小合适的空间布局是形成一幅好构图的关键因素。

图7-22

二、写生方法与步骤

写生方法与步骤（静物画）

静物画写生的方法与步骤是绘画技能基础训练的重要知识点，但这不是唯一的，因为每个人在长期的作画实践中都会逐渐形成自己独特的作画方法和步骤。好的作画方法，自始至终体现着画者对一幅作品想要达到某种要求和效果的总体构想，也必然反映画者的观察方法、艺术素养和技法水平。

各个画种和不同流派、风格的绘画理论和表现技法是多种多样的，其绘画工具、材料性能和技法的不同，必然形成写生或创作中步骤方法的区别。如水彩画和水粉画，两个画种由于其使用颜料的透明层度都不同，它们的上色程序就不一样，表现技法上也会有很大的区别。所以初学者在学习某一画种的时候，首先要借鉴吸收前人所总结的经验、方法和步骤，这样才能让自己更快地入门。

水粉画一般是从物体的暗部画到亮部，而水彩画由于浅色颜料覆盖力弱的特点，一般都从浅色画到深色。

水粉静物画的作画程序与步骤：

1. 勾画轮廓，用单色画出所要表现物体的素描关系，注意构图、透视关系和造型的准确性。
2. 铺大色块，从各个物体的暗部开始入手，注意把握整体关系。
3. 深入塑造、刻画局部，强调整体观察法的使用。
4. 最后调整收拾画面，注意着眼于整体，大胆取舍。

图7-23

图7-24

图7-25

第二部分 色彩基础

图7-26 吴雯熙作品

三、色彩写生中常出现的问题

1. 灰

产生原因：一是不重视色彩的明度关系，使画面的黑白灰对比不够；二是不注意色彩的纯度对比，所用颜色的纯度较为平均。

解决办法：加强画面的素描关系；对鲜明的颜色适当强调，加强纯度对比。

2. 粉

产生原因：不能合理使用白色，暗部或深色部分加了过多的白，或在亮部的地方过多地使用纯白色而没有调和其他色相。

解决办法：合理使用白颜料，暗部不加或少加白色。如果出现大面积的色块画"粉"了，可用不加白的颜色在粉底上薄罩一遍即可改观。

3. 脏

产生原因：看不准色彩倾向，调色种类过多，没有主次。尤其在深入刻画时不能保持对物象最初的印象，反复修改，越画越脏。

解决办法：看准色彩倾向，用较厚的颜色覆盖掉画脏了的部分，注意画过的地方不可重复太多遍。

4. 生

产生原因：固有色观念太强，忘记了环境色与空间的影响。

解决办法：加强调配灰色的能力，丰富画面的色彩关系。

5. 塑造"力度"不够

产生原因：一是形体的块面观念不强，色阶过细，画得太"圆"；二是色感不强，缺乏色彩的冲击力，用笔犹豫不定，磨磨蹭蹭也会产生以上问题。

解决办法：下笔肯定、果断，用色造型要宁方勿圆，敢于用漂亮的色彩。

6. 碎、花、面面俱到

产生的原因：观察方法不够整体，陷于局部刻画，只注意细节而忽视了画面整体。

解决办法：加强整体观念，重视统一整理；学会概括取舍，注意虚实处理，增强空间观念。

7. 腻

产生原因：用笔用色缺少变化或画得过厚，难以深入。

解决办法：注意用笔的节奏感，加强画面的干湿厚薄变化。

四、色彩临摹与写生练习

学习色彩理论知识重在应用，为了使初学者更好地了解水粉等材料的性能与表现方法，从临摹入手是学习的必经之路，建议从单个静物开始，逐步过渡到多个静物的组合练习，由浅入深，循序渐进，在学习中不断总结经验，并将临摹中所掌握的技能运用到写生上，色彩临摹与写生练习的过程，就是不断提高绘画技能与审美能力的过程。

图7-27

图7-28

图7-29

图7-30

第二部分 色彩基础

图7-31

图7-32

图7-33

图7-34

图7-35

图7-36

第四节　色彩风景写生

一、风景写生与构图形式

室外风景写生与室内静物写生的目的和任务不完全一样，写生的条件也不同。室内静物写生比较单纯，物象和周围环境、光线等因素比较稳定，可以从容地观察研究。而室外风景写生需要处理好自然界中丰富的形象、复杂的色彩、广阔深远的空间关系等等，这些都是色彩基础训练中的新课题。

风景写生与构图形式

风景写生的题材和范围十分广泛，城市建筑、田园风光、河港码头、工地厂房、园林花圃、市场街景等等。如何选景是一个至关重要的问题，选景不在于追求所画空间如何庞大或内容多么复杂，而是在一定的季节、气候、光线的条件下，景色是否显得美丽动人。每一个好的景色都具有不同的环境特点与自然情调，能给人以或灵动、或雄伟、或淳朴、或萧瑟、或生机盎然等等不同感受。这种面对自然环境时所产生的不同感受，是选景取材的动机和依据。

从构图的角度来讲，由远景、中景、近景组成的构图，意在表现宏大的场面、壮观的气势。由中景、近景组成的构图，重在表现意境。近景特写的风景，意在衬出景物的品质特性，从而产生独特的视觉冲击力。需要补充的是，除了画者与风景的远近关系，在风景构图中还可以通过选择视高，即视点的高低来改变构图形态，画得好的话容易使人体验到耳目一新的视觉效果。

面对着一个多姿多彩的世界，要做到淡定从容，我们需要在平时多多观察、认识自然、感受自然，还要多欣赏古今中外的优秀作品，不断提高自身的审美知识和修养，大胆实践。初学者可以从简单的景色入手，在实践中慢慢提高选景的能力和构图水平。

图7-37　毕沙罗作品1

图7-38　毕沙罗作品2

图7-39　西斯莱作品1

图7-40　西斯莱作品2

二、风景写生空间表现

表现风景的空间效果是风景写生的训练目的和要求之一，与室内静物相比，外光风景具有宽广和深远的空间。

风景画中空间效果的产生主要有两个因素：一是自然静物固有结构的透视关系；二是景物在光与大气层的影响下所产生的明暗与色彩调子的变化，会给人以空间感，称之为空气透视。

根据景物的近、中、远三个空间层次，景物的形体、色彩、明暗调子的视觉感，在互相比较的情况下，可以归纳出以下一些特征：

1. 近景

轮廓与结构关系比较明确，细节也比较清楚；形体比较大，体积感强；色彩丰富鲜明，纯度较高；明暗对比强。

图7-41　西斯莱作品3

2. 中景

相较于近景而言，形体轮廓与结构关系减弱，细节模糊；色彩粉质增多，纯度降低，倾向冷调，明暗对比变弱。

3. 远景

景物形体轮廓及结构模糊；色调单纯统一，

图7-42　西斯莱作品4

图7-43 马奈作品1

图7-44 马奈作品2

图7-45 梵·高作品3

图7-46 塞尚作品

写生方法与步骤
（水彩风景）

含更多粉质，偏冷调；明暗对比逐渐减弱，立体感消失，给人以平面的感觉。

三、写生方法与步骤

以水彩风景写生为例分析：

第一步：用心观察写生对象并多思考，首先要大胆取舍，确定画面构图和表现物象的主次关系，然后用铅笔轻轻勾勒出物体轮廓，注意对形象进行概括，不用在意轮廓细节的起伏变化。恰当运用轮廓线的相互穿插关系解决物象的前后空间关系；接着考虑画面的整体色调，遵循"由浅入深"的原则，运用大笔，吸足颜色和水分，大胆铺色，把注意力放在大色块之间的关系上；基本铺完大色调后，等待色层干燥，同时冷静思考，将需要补足的地方加以填充。

第二步：待色层干透后，开始进行局部塑造，塑造一般从主体物开始，用色要饱满，水分较上一步要大大减少，灵活运用"湿时重叠"和"湿时接色"的技法从容表现，注意此阶段仍然需要大胆提炼和概括，时不时要停止动笔退远观察画面整体效果，不断加强对画面气氛的烘托。

第三步：在不破坏画面整体效果的前提下，耐心刻画物象的细节部分，用笔要大胆肯定，时时关注物象的主次和前后虚实关系，注意做到适可而止；最后着眼画面的整体关系进行适当调整，直至作品完成。

图7-47

图7-48

图7-49

图7-50

图7-51

图7-52　黄永生作品1

图7-53 漳州科技学院教学楼 许宪生作品

第八章　优秀作品欣赏

　　色彩是绘画艺术语言构成中最活跃、最丰富和最富有艺术表现力的视觉因素。视觉艺术的本质体现便是创新性，学习色彩的最终目的也是为了艺术创作，通过对色彩的写生训练，画者会更加了解色彩的性能，并且能掌握一定的色彩表现技法，从而运用到其他画种的艺术表现当中。

图8-1　林宜耕作品1

图8-2　林宜耕作品2

图8-3　林宜耕作品3

图8-4 林宜耕作品4

图8-5 黄永生作品2

图8-6　黄永生作品3

图8-7　黄永生作品4

图8-8 《夜市》许宪生 第七届全国美展作品

图8-9 《春》许宪生作品

图8-10 《秋》许宪生作品

图8-11 《大鼓凉伞》许宪生作品

图8-12 吴伟杰作品1

图8-13 吴伟杰作品2

图8-14 《初春》吴伟杰

图8-15 吴伟杰作品3

图8-16 陈鸿荣《逝水年华》 "逐梦·威海卫" 2016全国中国画作品展

图8-17 陈鸿荣《阳春三月》全国大学生美术作品展

图8-18 陈鸿荣《show time》2017艺术草原·全国中国画、油画作品展

图8-19 《90后》陈鸿荣作品

图8-20 《荷塘夜色》陈鸿荣作品

图8-21 《初心》许青青作品

图8-22 《混沌边缘》许青青作品

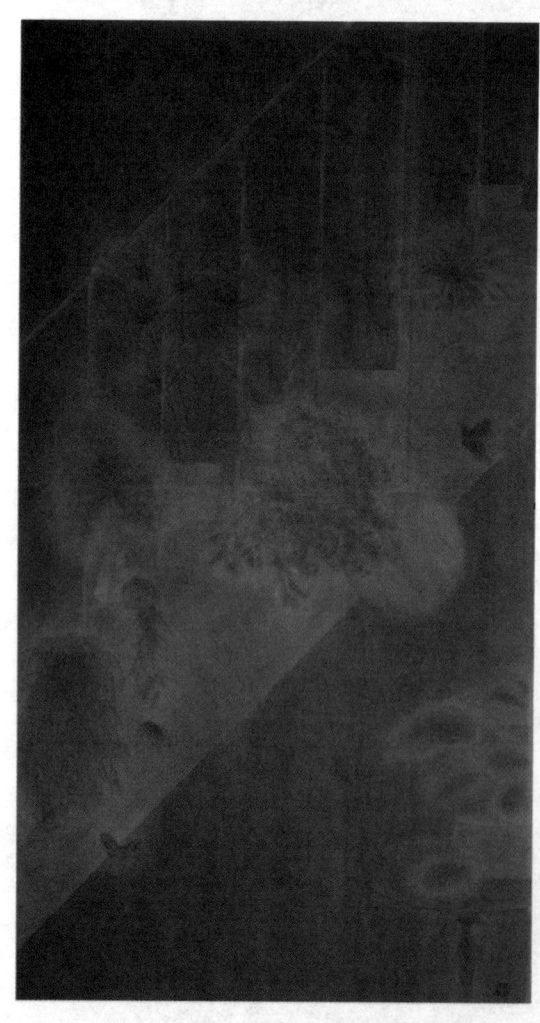
图8-23 《小夜曲》许青青作品

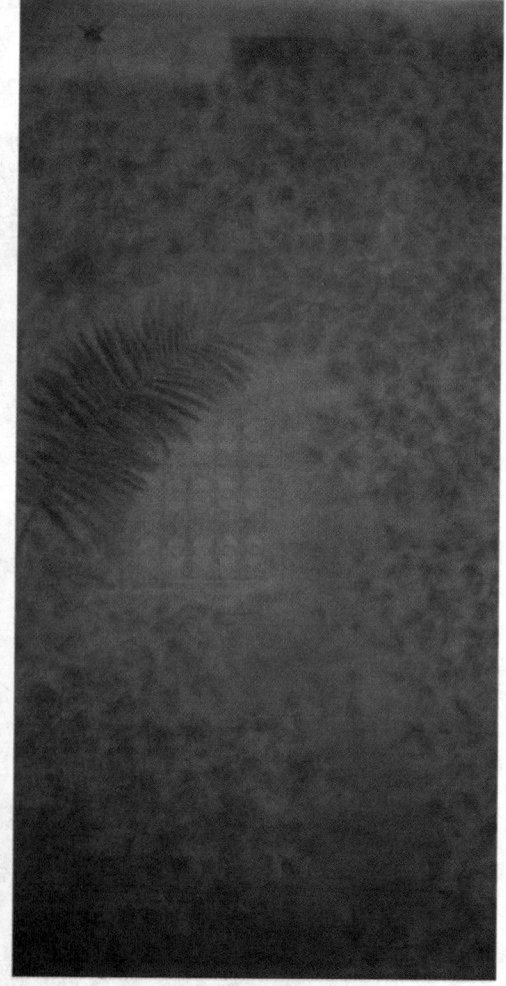
图8-24 《匆匆》许青青作品

图8-25 《山路》游海明作品

图8-26 《郊野鱼塘》游海明作品

第二部分 色彩基础

图8-27 《无边绿翠凭羊牧》游海明作品

图8-28 连文华作品1

图8-29 连文华作品2

图8-30 连文华作品3

图8-31 《西部的歌》陈方远作品

第二部分 色彩基础

图8-32 《风景》陈方远作品

图8-33 《故乡的桥》陈方远 第十一届全国美展作品

参考文献

[1] 李娜. 美术基础 [M]. 武汉：华中科技大学出版社，2017.

[2] 乐华，侯昱宇，涂超. 美术基础 – 素描 [M]. 成都：四川美术出版社，2017.

[3] 朱磊. 设计色彩 [M]. 上海：上海交通大学出版社，2012.

[4] 范明亮，王中，袁迎耀. 基础素描 [M]. 北京：中国民族摄影艺术出版社，2013.

[5] 张良. 设计素描 [M]. 上海：上海交通大学出版社，2011.